Reine und angewandte Metallkunde in Einzeldarstellungen
Herausgegeben von W. Köster
8

Metallographie des Magnesiums
und seiner technischen Legierungen

Von

Walter Bulian und **Eberhard Fahrenhorst**
Dr. phil., Leiter des Metall-Laboratoriums   Dr. phil., Heringen a. d. Werra
der Wintershall A. G.

Zweite verbesserte und erweiterte Auflage
bearbeitet von W. Bulian

Mit 250 Abbildungen

Springer-Verlag Berlin Heidelberg GmbH

1949

ISBN 978-3-540-01410-2   ISBN 978-3-662-12480-2 (eBook)
DOI 10.1007/978-3-662-12480-2

Vorwort zur zweiten Auflage.

Die freundliche Aufnahme, die die erste Auflage des vorliegenden Buches in der Fachwelt fand, bestätigte die Meinung der Verfasser, mit dieser Monographie eine Lücke im Fachschrifttum geschlossen zu haben. Die Notwendigkeit einer zweiten Auflage ergab sich schließlich auch schneller, als sie verwirklicht werden konnte. Dabei konnte die ursprüngliche Form restlos bestehen bleiben, die einzelnen Kapitel mußten nur überarbeitet und erweitert werden, da fremde und eigene Arbeiten, die in der Zwischenzeit herausgekommen waren, und vor allem auch das ausländische Schrifttum, soweit irgend zugänglich, Berücksichtigung finden mußten. Um den Umfang, insbesondere des Bildmaterials, nicht über Gebühr anwachsen zu lassen, mußten und konnten eine Reihe von Abbildungen der ersten Auflage neueren und wichtigeren Platz machen.

Für das Gelingen der Neuauflage bin ich vor allem meinem früheren Mitarbeiter Herrn Dr. Fahrenhorst zu Dank verpflichtet. Er stellte einen großen Teil der rund 50 neuen Abbildungen sowie seine für diese Neuauflage gesammelten Notizen zur Verfügung. Die Zeitumstände, die die Lösung anderer Aufgaben von ihm forderten, haben damit eine fast ein Jahrzehnt währende ständige und kameradschaftliche Zusammenarbeit beendet, der auch an dieser Stelle dankbar gedacht sei. Darüber hinaus wurde die Arbeit wieder wesentlich durch meine Firma, die Wintershall AG., gefördert, der ich zu besonderem Dank verpflichtet bin, ebenso dem Direktor des Leichtmetallwerkes in Heringen (Werra), Herrn Dr. Henne.

Wölfershausen (Werra), im März 1949.

W. Bulian.

Inhaltsverzeichnis.

Inhaltsverzeichnis.   V

I. Einleitung.

Der Umfang, den Erzeugung und Verbrauch der technischen Magnesiumlegierungen im letzten Jahrzehnt angenommen haben, hat auch im Schrifttum nachgewirkt. Doch haftet den Magnesiumlegierungen vielfach der Ruf an, besonders hinsichtlich ihres Gefüges, etwas langweilig zu sein und wenig zu bieten, was dem Metallkundler in seiner wissenschaftlichen und technischen Arbeit weiterhelfen kann. Man könnte fast sagen, daß der metallographische Ruf der Metalle mit abnehmendem spezifischen Gewicht absinkt.

In den folgenden Kapiteln wird an 225 Schliffbildern des Magnesiums und seiner technisch wichtigsten Legierungen gezeigt, welche beachtenswerten Aufschlüsse aus der mikroskopischen Untersuchung gewonnen werden können, und es wird erläutert, wie weit aus dem Gefügebefund auf die Art der Legierung, ihre Vorbehandlung, auf Fehler im Aufbau und in der Zusammensetzung geschlossen werden kann.

Da die Magnesiumlegierungen wie die Legierungen aller anderen technischen Metalle auch unter einer Reihe von Herstellernamen laufen, sollen hier jeweils nur die Legierungsbezeichnungen nach DIN 1717 und DIN 1740 gebracht werden. Sie sind in der folgenden Tabelle in einer Übersicht zusammengestellt.

Tabelle 1. *Bezeichnungen der gebräuchlichsten Magnesiumlegierungen.*

Bezeichnung nach DIN 1717 und DIN 1740	Mittlere Zusammensetzung in %	Werkbezeichnung der Wintershall AG.	Zustand
G Mg-Mn	1,8 Mn	Magnewin 3501	Sandguß
Mg-Mn			Knetlegierung
G Mg-Si	1,5 Si	—	Sandguß
Mg-Zn	4 Zn	Magnewin 40	Knetlegierung
Mg-Al 3	3 Al, 1 Zn, 0,1 Mn	Magnewin 3512	Knetlegierung
G Mg-Al 3 Zn	3 Al, 1 Zn, 0,1 Mn	Magnewin 3504	Sandguß
G Mg-Al 4 Zn	4 Al, 3 Zn, 0,1 Mn	Magnewin 3506	Sandguß
Mg-Al 6	6 Al, 1 Zn, 0,1 Mn	Magnewin 3510	Knetlegierung
G Mg-Al 6 Zn	6 Al, 3 Zn, 0,1 Mn	Magnewin 3505	Sandguß
Mg-Al 7	7 Al, 1 Zn, 0,1 Mn	Magnewin 3515	Knetlegierung
SpG Mg-Al 9	8 Al, 0,5 Zn, 0,1 Mn	Magnewin 3508	Spritz- und Kokillenguß
G Mg-Al	9 Al, 0,5 Zn, 0,1 Mn	Magnewin 3507	Sandguß

Man kann die technischen Magnesiumlegierungen im wesentlichen in zwei Gruppen einteilen, in die der aluminiumfreien und die der aluminiumhaltigen Legierungen. Diese Teilung, die auch in den folgenden Kapiteln angewandt worden ist, ist nur insofern etwas einseitig, als die Zahl der technisch gebräuchlichen Magnesium-Aluminium-Legierungen die der aluminiumfreien bei weitem übertrifft. Die letztgenannte Gruppe besteht — genau genommen — immer noch aus einer einzigen Legierung, wenn auch Ansätze dafür vorhanden sind, sie zu erweitern. Da aber einige dem Metallkundler wie dem Techniker auffällige Unterschiede in den beiden Gruppen bestehen, sei diese Teilung auch hier beibehalten. Die Merkmale der Legierungsgruppen sollen durch die folgende kurze Aufstellung ihrer wichtigsten Eigenschaften verdeutlicht werden.

Die Gruppe der aluminiumfreien Legierungen umfaßt, wie schon erwähnt, neben einigen Sonderlegierungen in der Hauptsache die binäre Magnesium-Mangan-Legierung Mg-Mn. Ihre Haupteigenschaften sind ihre Korrosionsbeständigkeit, ihre leichte Verformbarkeit in der Wärme sowie ihre hervorragende Schweißbarkeit. Demgegenüber weist die Gruppe der aluminiumhaltigen Legierungen, die fast ausschließlich aus ternären Magnesium-Aluminium-Zink-Legierungen bestehen, eine geringere Korrosionsbeständigkeit und Schweißbarkeit auf, außerdem sind sie mit zunehmender Menge der fremden Legierungsbestandteile in der Wärme schwieriger zu verformen. Ihrer hervorragenden Festigkeitseigenschaften wegen werden sie als Konstruktionslegierungen für tragende Bauteile verwendet, ferner bilden sie, und zwar in sehr großem Umfang ihrer vorzüglichen Gießeigenschaften wegen, den Ausgangswerkstoff für Kokillen-, Sand- und Spritzguß.

Man sieht aus dieser kurzen Gegenüberstellung, daß die obige Einteilung tatsächlich eine gewisse Berechtigung hat; die Hauptmerkmale der einen Legierungsgruppe treten bei der anderen in den Hintergrund.

Der Darstellung dieser beiden Legierungsgruppen, der die Hauptabschnitte des vorliegenden Buches gewidmet sind, ist einmal eine kurze Beschreibung der heute bei Magnesiumlegierungen üblichen Schleif- und Ätzverfahren vorausgeschickt. Weiter ist noch ein Kapitel vorangestellt, in dem die im Schliffbild erscheinenden kennzeichnenden Legierungsbestandteile und metallischen Verbindungen für sich erläutert werden. Diese Darstellung soll die auftretenden Phasen in ihrer Idealgestalt zeigen und dadurch das Verständnis vorbereiten für die in den Hauptabschnitten gezeigten, mehr oder weniger entarteten Erscheinungsformen. Als Schlußkapitel wurde eine kurze Beschreibung der makroskopischen Untersuchungsverfahren angeschlossen.

II. Schleif- und Ätztechnik.

1. Probeentnahme.

Die Herstellung von einwandfreien Schliffproben aus Magnesium und Magnesiumlegierungen ist nicht schwieriger als die von Schwer- und Leichtmetallegierungen, deren Schliff- und Ätztechnik bereits in allen einschlägigen Lehrbüchern ausführlich besprochen sind. Wenn trotzdem auch geübte Fachleute, denen das Gebiet der Metallographie des Magnesiums noch Neuland ist, hierbei auf Schwierigkeiten stoßen, so liegt das einmal daran, daß Magnesium eine wesentlich geringere Härte, insbesondere Ritzhärte, besitzt als die genannten Legierungen, zum anderen an der sehr geringen Korrosionsbeständigkeit des Metalles gegen Wasser. Im folgenden sollen einige wenige Wege gezeigt werden, die mit Sicherheit zu brauchbaren Magnesiumschliffen führen. Dabei soll auf eine Wiedergabe der Fülle der Verfahren, wie sie in den Werken von T. Berglund-A. Meyer[1], W. Guertler[2] und A. Schrader[3] zusammengetragen sind, verzichtet werden; ihre Anwendung sei dem Metallographen anheimgestellt, der über die Anfangsgründe der Magnesiumschliffherstellung hinaus nach Abwechslung sucht. Mit den im folgenden genannten Verfahren wurde die überwiegende Mehrzahl der in diesem Buch wiedergegebenen Schliffe angefertigt.

Die Probeentnahme geschieht in der üblichen Weise durch Heraustrennen der zu untersuchenden Stellen, wobei wegen der leichten Zerspanbarkeit des Werkstoffes mit der Handsäge oder mit leichten Bandsägen gearbeitet werden kann. Die Vorbereitung der Schlifffläche kann dann bei massiven Stücken durch Abdrehen oder Abfräsen oder auch durch Feilen vorgenommen werden.

2. Einbettverfahren.

Sehr kleine Schliffproben, Bleche usw., werden zur weiteren Bearbeitung in eine Klammer gefaßt, die am besten ebenfalls aus einer Magnesiumlegierung besteht. Die derart vorbereiteten Proben werden dann mit einer feinen Feile so weit geglättet, daß sie zum Vorschleifen geeignet sind. Außer dem Einfassen der Proben in eine Klammer können, wenn notwendig, auch zahlreiche andere Einbettverfahren angewandt werden, wie sie in den oben angegebenen Werken beschrieben sind. Wenn es darauf ankommt, vom Rand der Probestücke, etwa der Blechoberfläche eines Blechquerschliffes, saubere Anschliffe zu erhalten,

---

[1] Berglund, T., u. A. Meyer: Handbuch der metallogr. Schleif-, Polier- und Ätzverfahren. Berlin 1940.

[2] Guertler, W.: Metalltechnisches Taschenbuch. Leipzig 1940.

[3] Schrader, A.: Ätzheft, 3. Aufl. Berlin 1941.

1*

hat sich das Einbetten in Woodschem Metall oder einer bei ähnlich
niedriger Temperatur schmelzenden Legierung als besonders einfacher
Weg erwiesen. Dabei geht man zweckmäßig so vor, daß man die ein-
zubettende Probe in einen Rohrabschnitt, der möglichst ebenfalls aus
einer Magnesiumlegierung besteht, klemmt und diesen dann mit dem
Einbettmetall vollgießt. Das Ganze kann man dann leicht abdrehen
und ebenso weiter bearbeiten wie eine massive Schliffprobe.

3. Schleifen.

Das Schleifen der Proben erfolgt mit der Hand auf drei bis vier
Schmirgelpapiersorten (z. B. von der Körnung 1 F, 0 und 0000), die
auf einer Glasscheibe oder einer planen Stahlplatte aufliegen sollen, um
möglichst ebene Schliffflächen zu erhalten. Geschliffen wird auf jeder
Papiersorte so lange in einer Richtung, bis die Schleifspuren des voran-
gehenden Schleifvorganges nicht mehr erkennbar sind. Hierzu genügt
meist die Beobachtung mit dem bloßen Auge. Üblicherweise dreht
man nach jedem Schleifen auf einer Papiersorte den Schliff um 90°,
so daß die neue Schliffrichtung senkrecht zur alten steht. Der ganze
Vorgang soll nur wenige Minuten andauern; lang andauerndes Schleifen
bringt keinerlei Güteverbesserung beim fertigen Schliff gegenüber einer
flott hergestellten Probe.

So vorbereitete Schliffe werden nun auf rotierenden Scheiben vorpoliert. Hierzu benutzt man tuchbespannte Scheiben, die etwa mit
200 bis 400 Umdrehungen laufen. Vorpoliert wird in zwei Stufen, zunächst poliert man mit einer wässerigen Aufschwemmung von Pariser
Rot, wobei man wiederum unter ständiger Änderung der Schliffrichtung
nur so lange poliert, bis die Schleifspuren des vorhergehenden Schleifvorganges verschwunden sind. Auch hier soll man sich davor hüten,
den Poliervorgang zu lange auszudehnen; wenige Minuten genügen voll-
kommen. Nach dieser Vorpolitur müssen der Schliff und nicht nur
dieser, sondern auch die Hände des Schliffherstellers sorgfältig unter
fließendem Wasser, möglichst mit einer Bürste von jeder Spur Pariser
Rot gereinigt werden, um dieses noch verhältnismäßig grobkörnige
Schleifmittel nicht in die weiteren Bearbeitungsvorgänge hinein zu
bringen. Der zweite Vorpoliervorgang, mit dem oft schon, je nach der
Härte der Legierung, auch die Fertigpolitur erreicht ist, spielt sich
ebenfalls auf einer tuchbespannten rotierenden Scheibe ab, die als
Schleifmittel mit einer bei etwa 60° hergestellten Aufschwemmung von
Magnesia usta (reinst, leicht nach DAB. 6)[1] in Seifenlösung bestrichen

---

[1] Zu beachten ist, daß die Magnesia usta bei längerem Stehen an der Luft
feine, sehr harte Körnchen bildet, die aus basischem Magnesiumkarbonat bestehen,
und die leicht zu Kratzern auf der Schliffoberfläche führen.

ist. Hierbei muß der Schliff recht locker über die Scheibe geführt werden, das Abspritzen darf nun nur noch mit absolutem Alkohol (Weingeist oder Isopropylalkohol) erfolgen. Auch dieser Vorgang darf nicht zu lange währen, da sonst bei dem recht weichen Werkstoff leicht reliefpoliert wird. Will man jedoch eine Reliefpolitur auf der Schliffoberfläche erzeugen (siehe Abb. 146), so verwendet man unter dem Poliertuch eine weiche Unterlage, vorteilhaft aus Gummi; man erhält dann je nach der Härte der einzelnen Gefügebestandteile des Schliffes erhebliche Höhenunterschiede.

Die nun bei den weicheren, niedrig legierten Magnesiumlegierungen hierbei noch auftretenden feinsten Schliffkratzer werden schließlich durch Fertigpolieren beseitigt. Hierzu benutzt man eine Glasplatte, über die man Ziegenleder (Fensterleder) spannt. Das Leder muß vor dem Polieren stets sorgfältig in warmem Wasser gewaschen werden. Man bringt nun auf das Leder eine dicke Paste, die man sich aus Seifenlösung und Magnesia usta zusammenrührt. Mit dieser Paste poliert man mit der Hand etwa 2 Minuten lang in einer Richtung den Schliff fertig. Starkes Aufdrücken ist dabei zu vermeiden, das Abspülen muß wieder mit absolutem Alkohol geschehen. Der Schliff wird anschlie

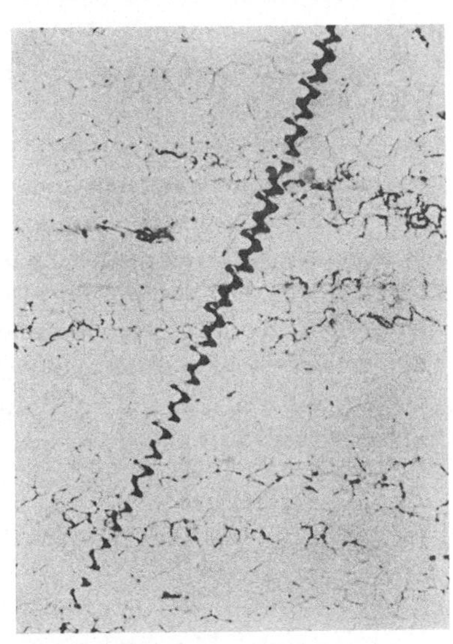

Abb. 1. Rollspur, verursacht durch harten Fremdkörper, 175 ×.

ßend mit einem Warmluftgerät getrocknet und ist zum Ätzen fertig.

Eingebettete Schliffe, und zwar sowohl solche, die eingegossen wie solche, die in einer Klammer geschliffen wurden, müssen noch aus der Einbettung gelöst und für sich geätzt werden.

Es ist kaum möglich, bei Magnesiumlegierungen durch den Schleif und Poliervorgang außer Schliffkratzern wesentliche Schliffehler zu erzeugen. Gelegentlich kann man jedoch eine wellenförmige Linie (Abb. 1) beobachten, die eventuell Korngrenzen oder eine zeilenförmige Anhäufung von Gefügebestandteilen vortäuschen kann. Sie wird hervorgerufen durch ein hartes Körnchen, etwa vom Schmirgelpapier stammend, oder von einem aus dem Schliff herausgerissenen Kristall, der beim Polieren auf dem Schliff abgerollt ist.

Zum Schluß der Ausführungen über den Schleifvorgang noch ein paar Worte über den Einfluß des Schleifens und Polierens auf das zu untersuchende Gefüge selbst. Seitdem E. Schmid und W. Boas[1] durch röntgenographische Messungen an ein- und vielkristallinem Aluminium gezeigt haben, daß der Schleifvorgang eine Verformung des Werkstoffes bis zu 0,03 mm Tiefe hervorruft, bestehen im Schrifttum, besonders bei Schliffen an weichen Legierungen, Bedenken über die Natur des Schliffgefüges. Wir konnten an Röntgen-Rückstrahlaufnahmen mit stehender Probe ebenfalls feststellen, daß die Schliffffläche, und zwar bis zu einer Tiefe von 0,4 mm, durch den Schleif- und Poliervorgang verformt wurde. Diese Verformung führt aber kaum zu einer Gefügeänderung, da einmal die Rekristallisationstemperatur aller Magnesiumlegierungen mehrere hundert Grad beträgt, bei Zimmertemperatur also sicher noch keine Rekristallisation eintritt, zum anderen aber die zumeist eingelagerten harten Gefügebestandteile der Verbindungen usw. an der Verformung sicher nicht teilnehmen, so daß das mikroskopische Bild, wenn auch mit Spannungen in der Schliffoberfläche behaftet, doch im wesentlichen den wahren Gefügezustand der Legierung wiedergibt.

Die durch den Schleif- und Poliervorgang hervorgerufene Verformung der Oberfläche läßt sich aber auch noch durch bloße Schliffbeobachtung nachweisen. Wenn man ein grobkörniges Gußgefüge, z. B. der Legierung Mg-Mn, nach dem Polieren bei 600° kurz glüht, entsteht ein feinrekristallisiertes Gefüge auf der Schliffoberfläche (Abb. 2)[2]. Durch

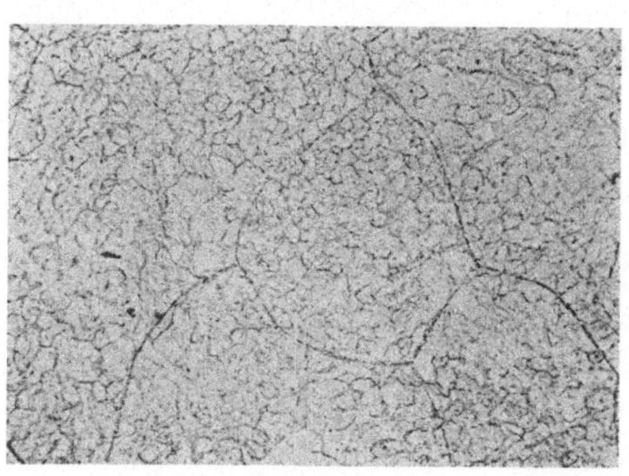

Abb. 2. Gußgefüge von Mg-Mn, nach dem Polieren bei 600° geglüht. Rekristallisation der Schliffoberfläche, hervorgerufen durch die Verformung beim Schleifen, 100 ×.

Abschmirgeln und neues Polieren ist diese Rekristallisationszone noch nicht verschwunden, erst Abdrehen in der Größenordnung von 1 mm bringt das ursprüngliche Gefüge wieder hervor.

Es müssen also Schliffe, die einer Glühbehandlung unterzogen worden sind bei einer Temperatur, die bei oder über der Rekristallisationstemperatur liegt, immer wenigstens 1 mm abgearbeitet und neu geschliffen und poliert werden.

Sauerstoff und andere Gase haben jedoch keinen Einfluß auf die Struktur der obersten, polierten und verformten Metallschicht, wie

[1] Schmid, E., u. W. Boas: Naturwiss. Bd. 20 (1932) S. 416, ferner L. Hamburger: Z. Metallkde. Bd. 25 (1933) S. 29.

[2] Vgl. zu diesem schon von Carpenter und Elam beobachteten Vorgang W. Fraenkel: Z. Metallkde. Bd. 13 (1921) S. 148.

Untersuchungen an bearbeiteten Metalloberflächen mittels Elektronen-interferenzen ergaben[1]. Die oberste Metallschicht selbst wird als quasi flüssig angesehen[2, 3].

4. Ätzen.

In den auf S. 3 genannten Werken sind eine Fülle von Ätzlösungen (etwa 40) für Magnesiumlegierungen angegeben, die alle mehr oder weniger gut bei den einzelnen Legierungen ihren Zweck erfüllen. Auf

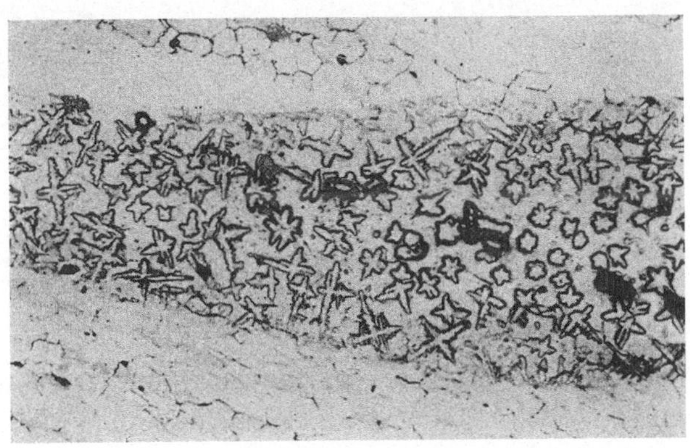

Abb. 3. Aufgetrocknetes Ätzmittel, 175×.

ihre Wiedergabe kann hier verzichtet werden; es soll vielmehr nur eine kleine Auswahl solcher Ätzmittel vorgeschlagen werden, die auf jeden Fall einwandfreie Ätzbilder liefern. Diese Ätzmittel sind in der Tab. 2 wiedergegeben. Dabei sei betont, daß die angegebenen Ätzzeiten nur einen ersten Anhalt geben sollen. Veränderungen in den Gefügebildern, wie sie vor allem durch Wärmebehandlung hervorgerufen werden, können zu erheblichen Abweichungen führen. Die Reihenfolge der Ätzlösungen in der Tabelle soll auch von dem Metallographen, der sich mit den Magnesiumlegierungen zu beschäftigen beginnt, derart eingehalten werden, daß er zunächst mit den zuerst genannten arbeitet und erst später die weiteren anwendet[4].

Nach dem Ätzen müssen die Schliffe sofort gründlich in absolutem Alkohol gespült werden, was man am besten durch Eintauchen und nachträgliches Abspritzen erreicht. Die schnelle und gründliche Ent-fernung des Ätzmittels ist wichtig, da man sonst leicht zu Fehlätzungen kommen kann. Die Abb. 3 und 4 zeigen, wie solche Fehlätzungen ein

[1] Plessing, E.: Z. Phys. Bd. 113 (1939) S. 36.
[2] Raether, H.: Z. Phys. Bd. 86 (1933) S. 82.
[3] French, R. G.: Proc. Roy. Soc., Lond. (A) Bd. 140 (1933) S. 637.
[4] Über ein beachtenswertes elektrolytisches Ätzverfahren für Magnesium-legierungen siehe auch R. Mechel: Z. Metallkde. Bd. 33 (1941) S. 34.

Scheingefüge vortäuschen können. Ebenso wichtig ist es, eine Über-
ätzung der Schliffe zu vermeiden. Es empfiehlt sich deshalb immer,
zunächst in der in der Ätztabelle angegebenen kurzen Zeitdauer zu

Abb. 4. Aufgetrocknetes Ätzmittel, 100×.

ätzen. Auf zu langes Ätzen sind z. B. die von F. Roll[1] gezeigten Fehlätzungen an zwei Magnesiumlegierungen zurückzuführen.

Tabelle 2.

Werkstoff	Zustand	Ätzlösung	Ätzdauer sec
Mg-Mn	gegossen	8 proz. alkoholische Salpetersäure	4—6
	gepreßt {	8 proz. alkoholische Salpetersäure	6—10
		2 proz. wässerige Oxalsäure	6—10
	geschmiedet gewalzt }	8 proz. alkoholische Salpetersäure	6—10
Mg-Al 3	gegossen gepreßt geschmiedet }	10 proz. wässerige Essigsäure	3—4
Mg-Al 6	gegossen gepreßt gewalzt geschmiedet }	5 proz. wässerige Essigsäure oder	3—5
		2 proz. wässerige Weinsäure oder	6
		13 proz. Phosphorsäure in Glyzerin	12
Mg-Al 7	gegossen	5 proz. wässerige Salpetersäure	1—3
	gepreßt {	5 proz. wässerige Essigsäure	4—6
		oder 2 proz. wässerige Salzsäure	20—25
	geschmiedet	5 proz. wässerige Salpetersäure	1—3

Nach dem Abspülen werden die Schliffe wieder im Warmluftstrom
getrocknet und sind dann zur mikroskopischen Untersuchung fertig.

---

[1] Roll, F.: Gießerei 1936, S. 645.

Wenn sich die Untersuchung über eine längere Zeitdauer erstrecken muß, müssen die Schliffe wegen ihrer Empfindlichkeit gegen Luftfeuchtigkeit im Exsikkator aufbewahrt werden, da man sonst durch Korrosion ebenfalls leicht zu gefügeähnlichen Bildern kommen kann (Abb. 5).

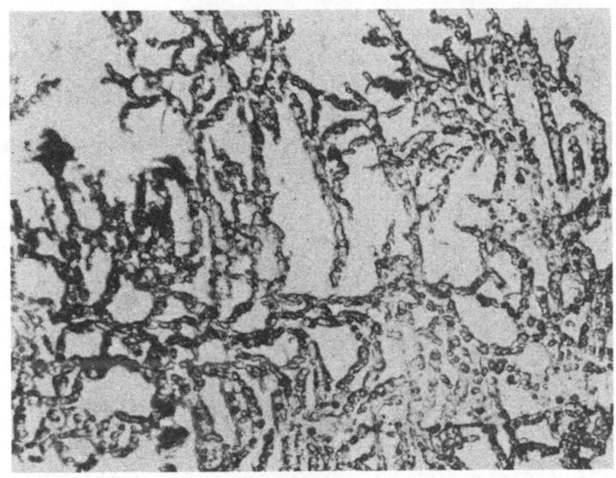

Abb. 5. Korrodierte Schliffoberfläche, 400 ×.

Die Ätzung bedeutet nicht nur einen Angriff an der Schliffoberfläche, sondern es entsteht dabei eine Ätzhaut, die nur im allgemeinen nicht als solche wahrgenommen wird, weil sie äußerst dünn ist. An überätzten und nachpolierten Schliffen löst sie sich, wo sie stärker ist, von der Schliffoberfläche ab, wobei einzelne Lappen umklappen (Abb. 6). Bei solcher Dicke reißt sie auch leicht auseinander und zeigt an den Rißstellen das darunter liegende Metall. So läßt Abb. 7 in den durch die Risse freigelegten Zonen die Korngrenzen des Metalls erkennen. Zugleich wird deutlich, daß die Ätzhaut sich genau der Oberfläche anpaßt und auch nach der Verschiebung die in der Struktur der Schliffoberfläche begründeten Ätzfiguren aufweist.

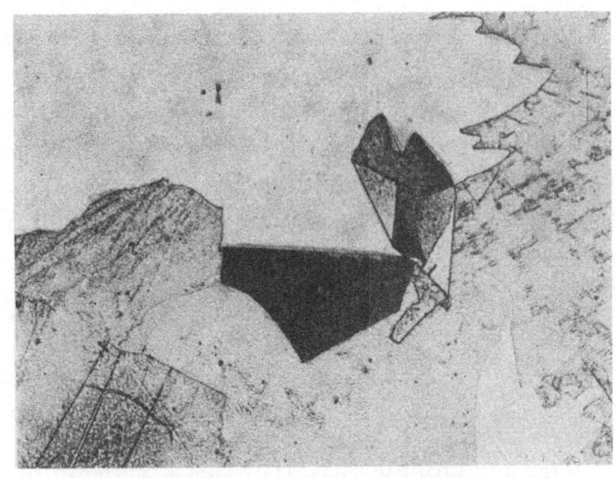

Abb. 6. Losgelöste und umgeklappte Ätzhaut, 150 ×.

Zum Schluß dieses Kapitels noch einmal einen Hinweis auf die Zeitdauer des ganzen Schleif- und Ätzvorganges: Gerade bei Magnesiumschliffen verfällt der Anfänger leicht in den Fehler, alle Einzelvorgänge zu lange auszudehnen. Dabei liegt bei Magnesiumlegierungen hierzu weniger Grund vor als bei anderen Metallen, denn die Magnesiumlegierungen sind bekanntlich die Werkstoffe, die sich unter allen technischen

Legierungen am leichtesten spanabhebend bearbeiten lassen. Um eine solche spanabhebende Bearbeitung handelt es sich im Grunde aber auch bei der Herstellung von Schliffproben bis einschließlich zum Poliervorgang, so daß, peinlich sauberes Arbeiten vorausgesetzt, die Herstellung solcher Schliffe besonders wenig Zeit in Anspruch nehmen muß.

Abb. 7. Aufgeplatzte und verschobene Ätzhaut, die darunterliegenden Korngrenzen freigebend, 150 ×.

Als Anhalt sei dazu mitgeteilt, daß die Verfasser bei Versuchen, die sie in dieser Richtung unternahmen, in insgesamt 8 Minuten einwandfrei kratzerfreie Schliffe herstellten und ätzten. Bei einiger Übung sollte also jeder Fachmann mit der gesamten Schliffherstellung in 10 bis 15 Minuten fertig werden.

III. Kristallarten.

Man findet im allgemeinen weder das Magnesium selber noch seine Legierungsbestandteile, soweit sie besondere Kristallphasen bilden, in den technischen Schmelzen als regelmäßig und wohl ausgebildete Kristalle wieder. Für die Beurteilung der üblichen mehr oder weniger verstümmelten Erscheinungsformen der einzelnen Kristallarten in den technischen Legierungen ist aber die Kenntnis ihrer idealen Formen, wie sie oft nur in Sonderschmelzen oder nach besonderer Wärmebehandlung zu erhalten sind, von Nutzen.

A. Magnesium.

Die hexagonale Struktur des Magnesiums zeigt sich besonders schön an frei gewachsenen Einzelkristallen. Man kann solche leicht herstellen, indem man Magnesium in einem geschlossenen eisernen Rohr bei Temperaturen zwischen 600° und seinem Schmelzpunkt glüht, wobei entlang dem Rohr ein geringes Temperaturgefälle herrschen soll. Das Magnesium sublimiert dann sehr leicht und schlägt sich an den kühleren Stellen des Rohres nieder, wobei es wohlausgebildete einzelne Kristalle bildet (Abb. 8). Man erkennt sechseckige Basisflächen, die Prismen-

Abb. 8. Durch Sublimation erzeugte, frei gewachsene Magnesiumkristalle, 10×.

flächen schließen sich dagegen nicht unmittelbar, sondern erst unter
Einfügung von Pyramidenflächen an, weil ihr Auftreten nicht im
Einklang steht mit den Hauptbindungsrichtungen, in denen der
Kristall am schnellsten wächst.

Da das Wachstum senkrecht zu diesen Flächen sehr gering ist, wird verständlich, daß neben der Basis und den Prismenflächen die zweitdichtest besetzten Ebenen, nämlich die Pyramidenflächen $\{10\bar{1}1\}$, immer auch als Begrenzende an frei gewachsenen Kristallen auftreten. Die Verhältnisse wurden von J. N. Stranski und Mitarbeitern[1] berechnet und experimentell von M. Straumanis[2,3] bestätigt.

In der gleichen Weise geht naturgemäß auch der Abbau

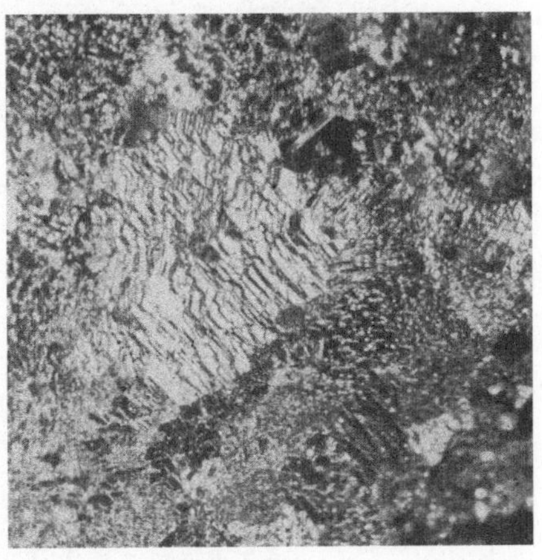

Abb. 9. Durch Sublimation abgebauter Magnesiumkristall, Abbau erfolgt entlang den Korngrenzen, 35×.

[1] Stranski, J. N., R. Kaischew u. L. Krastanow: Z. Kristallogr. Bd. 88 (1934) S. 325.

[2] Straumanis, M.: Z. phys. Chem. Bd. 26 (1934) S. 246.

[3] Straumanis, M.: Z. Kristallogr. Bd. 89 (1934) S. 488.

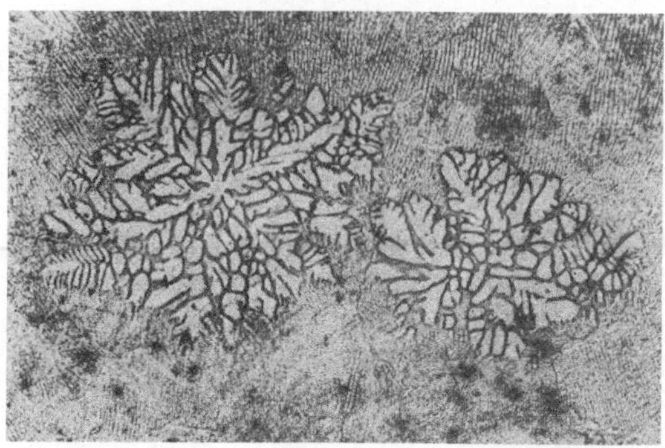

Abb. 10. Primärdendrite von Magnesium, aus einer binären Mg-Mn-Legierung mit 2% Mn, 10×.

Abb. 11. Primärdendrite von Magnesium auf der Oberfläche einer Gußmassel, 10×.

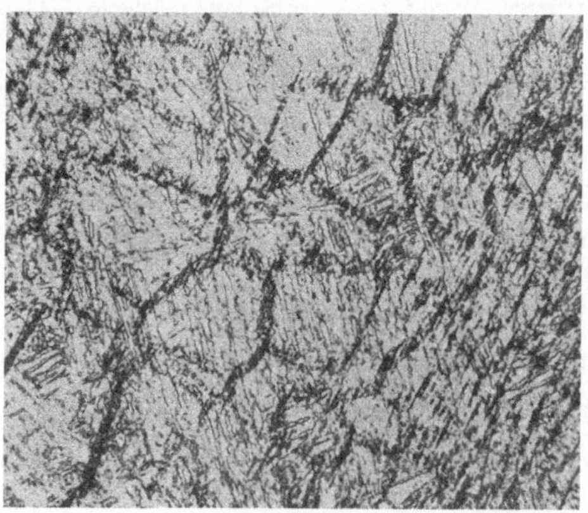

Abb. 12. Wie Abb. 10, stärker vergrößert, 100×.

des Magnesiumkristalles durch Sublimation vor sich. Abb. 9 zeigt den Abbau entlang der Basisflächen, wie ihn ähnlich L. Graf[1] an Kupfer, Kadmium und Wolfram gefunden hat.

In Schnitten, die man durch Gußbolzen legt, erkennt man bei Reinmagnesium und binären Magnesium-Mangan-Legierungen kleine glänzende Stellen, die sich unter der Lupe als Primärdendrite ausweisen, und die mit der Basisebene in der Schnittfläche liegen (Abb. 10 und 11). Bei etwas stärkerer Vergrößerung ist das gleiche Gefüge auch im Fein-

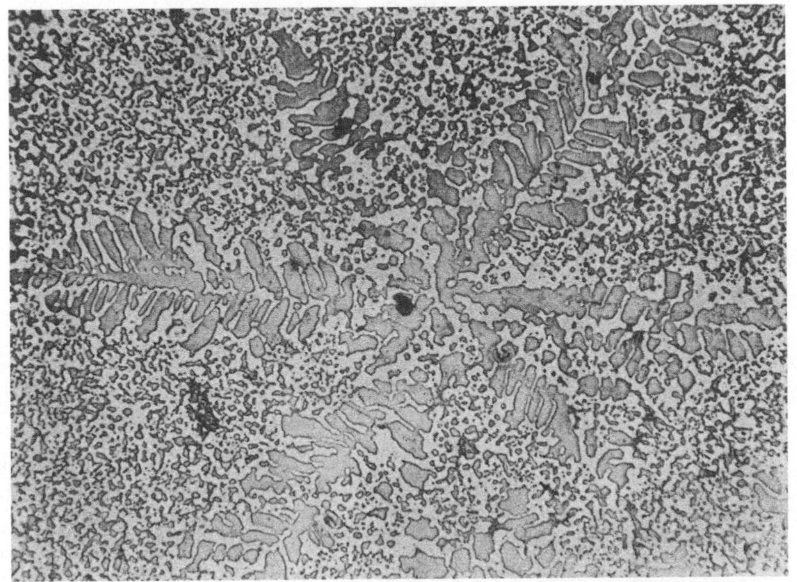

Abb. 13. Sechszählig ausgebildeter Magnesium-Mischkristalldendrit aus Versuchsschmelze, 150×.

schliff noch eindeutig zu erkennen (Abb. 12). Diese Kristalle haben im allgemeinen 3—5 mm Durchmesser, wurden aber auch in reichlich doppelter Größe beobachtet. Im Schliffbild technischer Legierungen entgehen sie bei ihrer Größe und relativen Seltenheit der Beobachtung. Es wurden deshalb eine Versuchsschmelze von Magnesium mit 5% Aluminium und 5% Zink langsam gekühlt und auf diese Weise Dendrite gewonnen, von denen ein sehr regelmäßig sechszählig ausgebildeter in Abb. 13 gezeigt wird.

Weitere Beobachtungen über die Kristallstruktur gestatten die Stengelkristalle aus Gußbolzen mit großem Querschnitt. Hier sind die Kristalle so gelagert, daß die Basisflächen parallel zur Wachstumsrichtung liegen, und zwar nicht beliebig, sondern mit einer diagonalen

---

[1] Graf, L.: Z. Phys. Bd. 121 (1943) S. 73.

Achse erster Art [11$\bar{2}$0] parallel zur Längs- bzw. Wachstumsrichtung[1—3].
Es liegen also jeweils auch zwei Prismenflächen erster Art parallel zu

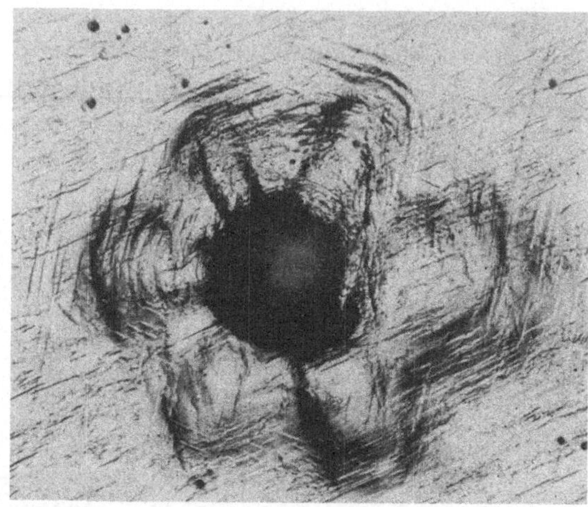

Abb. 14. Nadeleindruck auf Basisfläche, die annähernd in der Schliffebene liegt, 50 ×.

ihr. Hat man nun im Schliff einen solchen Stengelkristall parallel zur
Wachstumsrichtung gerade so geschnitten, daß die Basisflächen in der
Schliffläche liegen, dann er-
geben Nadelstiche auf ihnen
einen sechsstrahligen Eindruck, wobei die wulstigen
Strahlen nach den Mitten
der Basiskanten zeigen (Abbildung 14)[4]. Es entstehen
Gleitlamellen parallel zu den
Basiskanten. Die sechs nach
den Basiskantenmitten zei-
genden Wülste entstehen
dadurch, daß die Gleitlamellen parallel zur Kante von
den von beiden Seiten unter
120° auf sie auftreffenden

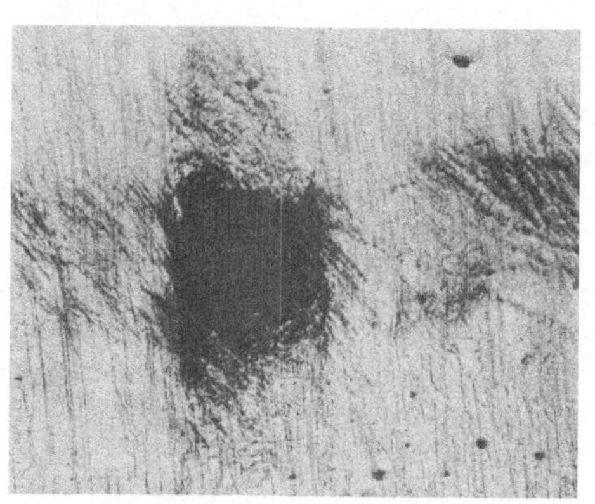

Abb. 15. Nadeleindruck auf Prismenfläche, 50 ×.

[1] Nix, F. C., u. E. Schmid: Z. Metallkde. Bd. 21 (1929) S. 291.

[2] Wassermann, G.: Texturen metallischer Werkstoffe, Berlin 1940, S. 48 u. 126.

[3] Die andere Richtungsangabe in der Zahlentafel bei Nix und Schmid a. a. O.
ist richtiggestellt in E. Schmid u. W. Boas: Kristallplastizität, Berlin 1935,
S. 307. — Die Differenz beider Lagen beträgt, worauf auch Wassermann (a. a. O.
S. 128) in anderem Zusammenhang hinweist, maximal 30°.

[4] Tammann, G., u. A. Müller: Z. Metallkde. Bd. 18 (1926) S. 74.

Lamellen parallel der Nachbarkanten an weiterer Ausdehnung gehindert werden. Am deutlichsten ist die Erscheinung am frei gewachsenen Einkristall. Abb. 16 wurde an einem durch Sublimation bei 630° erzeugten Kristall gewonnen. Bei stärkerem Druck treten noch die Gleitlinien durch die ganze Kristallfläche hinzu. Bei Manganzusatz wird die Erkennung dadurch sehr vereinfacht, daß im Querschliff die parallel zur Wachstumsrichtung der Stengelkristalle liegenden Basisebenen senkrecht geschnitten werden, die dann das auf ihnen ausgeschiedene Mangan in Form von Zeilen aufweisen. Nadelstiche, die bei idealer Lage der Kristallite Prismenflächen treffen, ergeben auf solchen Schliffen ein vierzähliges Druckbild (Abbildung 15). Die Verformung erfolgt durch Zwillingsbildung nach $\{10\bar{1}2\}$, wobei die Zwillinge mit der durch die Manganausscheidung gekennzeichneten Basisrichtung Winkel von etwa 46° bzw. 43° bilden (Abb. 15). Wesentlich seltener ist Zwillingsbildung nach $\{10\bar{1}1\}$[1].

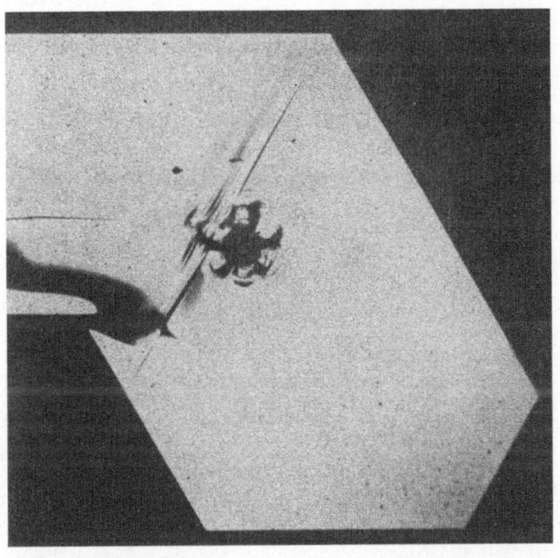

Abb. 16. Basisfläche eines Magnesium-Einkristalles mit sechszähligem Nadeleindruck, 10×.

Abb. 17. Verformte Basisfläche eines Magnesium-Einkristalles mit Translation und Zwillingsbildung, 10×.

Abb. 17 zeigt die Basisfläche eines bei etwa 630° sublimierten Magnesiumkristalls nach Verformung. Man sieht die Gleitlamellenpakete der aufeinander abgeglittenen Basisflächen, die ihrerseits wieder von Zwillingen nach zwei Richtungen durchzogen sind.

---

[1] Schmid, E., u. G. Siebel: Z. Elektrochem. Bd. 37 (1931) S. 453.

B. Technische Legierungszusätze.

1. Mangan.

Als erster Legierungsbestandteil sei das Mangan besprochen, weil es fast allen technischen Legierungen beigegeben wird. Die Legierung der Gattung Mg-Mn enthält bis zu 2% Mn. Obwohl damit die Löslichkeitsgrenze noch keineswegs erreicht ist[1], findet man auch in abgeschreckten Schmelzen Primärkristalle. Das Mangan wird meist als entwässertes Manganchlorür der Magnesiumschmelze beigegeben, und es entstehen wohl spontan größere Kristalle von Mangan, ohne überhaupt erst im Magnesium gelöst gewesen zu sein. Schmilzt man die Legierung um, so werden die Mangankristalle kleiner und seltener,

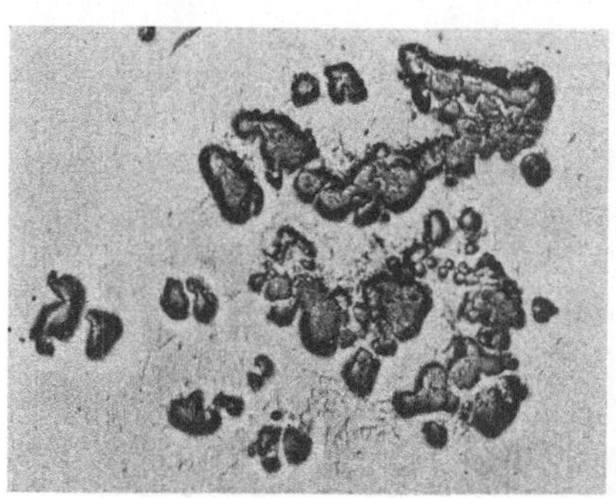

Abb. 18. Primärkristalle von Mangan, 175 ×.

gehen also weiter in Lösung. Im festen Zustand ist wohl alles Mangan ausgeschieden[2]. Über die Erscheinungsform dieses fein ausgeschiedenen Mangans berichtet das nächste Kapitel. Die Primärkristalle erscheinen meist rundlich, formlos und liegen oft in Kleeblattform oder in regellosen Haufen beisammen (Abb. 18). Sie sind aus dem $MnCl_2$ unmittelbar entstanden, nicht im Magnesium gelöst gewesen und haben nie regelmäßige Form. Dagegen erhält man bei langsamer Abkühlung das ursprünglich gelöst gewesene Mangan in Form regelmäßiger Kristalle. Da die Primärkristalle viel härter sind als das Magnesium und sie sich daher rasch reliefartig polieren, läßt sich über ihre Kristallform nur etwas aussagen, wenn man sehr kurz poliert und ein völlig verkratztes Magnesium in Kauf nimmt.

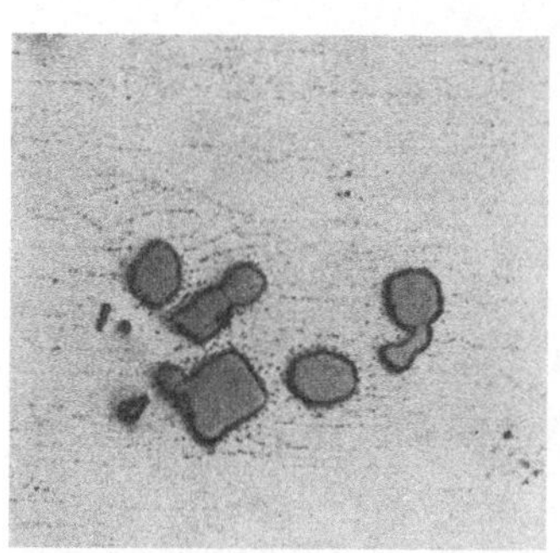

Abb. 19. Primärkristalle von Mangan. Durch nachträgliches Anlassen werden punktförmige Ausscheidungen von Mn sichtbar, 500 ×.

Man erkennt dann eine regelmäßige drei- bis sechseckige Form, je nachdem, wie der Kristall geschnitten ist. Von einer Wiedergabe wurde wegen der zerkratzten Magnesiumgrundmasse Abstand ge-

---

[1] Schmid, E., u. G. Siebel: Metallwirtsch. Bd. 10 (1931) S. 923—925.
[2] Schmid, E., u. G. Siebel: a. a. O.

nommen. Im fertig polierten Schliff sind die Körner abgerundet. Bei langsamer Abkühlung und mehr noch nach langem Anlassen sind sie von reichen, pünktchenförmigen Ausscheidungen anfänglich gelöst gewesenen Mangans begleitet (Abb. 19).

Bringt man in binären Magnesium-Mangan-Legierungen mit relativ hohem Mangangehalt ($> 4\%$) das Mangan durch eine Wärmebehandlung zur Ausscheidung, so erhält man es auch in Form gerichteter Segregate, die in Winkeln von 60° zueinander liegen (Abb. 20)[1]. Bei noch höherem Mangangehalt ($> 7\%$) entstehen schließlich eutektikumähnliche Mangananhäufungen zwischen den Magnesiumkristallen, wie sie Abb. 21 wiedergibt.

Bei Mangangehalten, die über die technisch üblichen 2% hinausgehen, erscheinen die Kristalle durchlöchert, verursacht durch die verschiedenen Wachstumsgeschwindigkeiten der Dendrite in verschiedener Richtung. Solche Kristalle kommen gelegentlich auch in technischen Legierungen vor. Über die Kristallstruktur dieser kubischen, von A. J. Bradley und J. Thewlis[2] bestimmten Kristalle mit recht verwickelter Elementarzelle[3—5] ist natürlich für die doch vom Schnitt abhängige Zähligkeit aus dem Schliffbild gar nichts auszusagen (Abb. 22).

Abb. 20. Manganausscheidungen bei sehr hohem Mangangehalt, gerichtet, 350 ×.

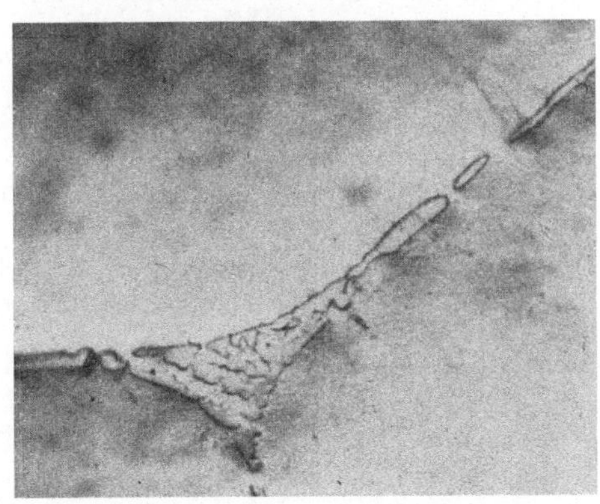

Abb. 21. Mangan in eutektischer Anordnung, 1350 ×.

Wesentlich anders ist das Aussehen der Mangankristalle in Legierungen, die Aluminium enthalten. In ihnen tritt das Mangan außer als

---

[1] Bulian, W., u. E. Fahrenhorst: Z. Naturforsch. Bd. 1 (1946) S. 263.

[2] Bradley, A. J., u. J. Thewlis: Proc. Roy. Soc., Lond. Bd. 115 (1927) S. 456.

[3] Glocker, R.: Materialprüfung mit Röntgenstrahlen, Berlin 1936, S. 239.

[4] Dehlinger, U.: Chemische Physik der Metalle und Legierungen, Leipzig 1939, S. 51.

[5] Rosenheim, W.: Z. Metallkde. Bd. 22 (1930) S. 77.

rundliches, reines Metall vorwiegend als Al_4Mn auf. Es bildet hohle
Nadeln von sechseckigem Querschnitt, die hexagonal kristallisieren[1].
Im Schliff erscheinen sie, quer getroffen, als hohle Sechsecke (Abb. 23),
längs getroffen als hohle, meist einseitig wie ein Stiefelknecht offene
Nadeln (Abb. 24). Es ist ungeklärt, ob Umsetzungen in der Schmelze
oder ob peritektische Reaktion an diesen Kristallen stattfinden, doch

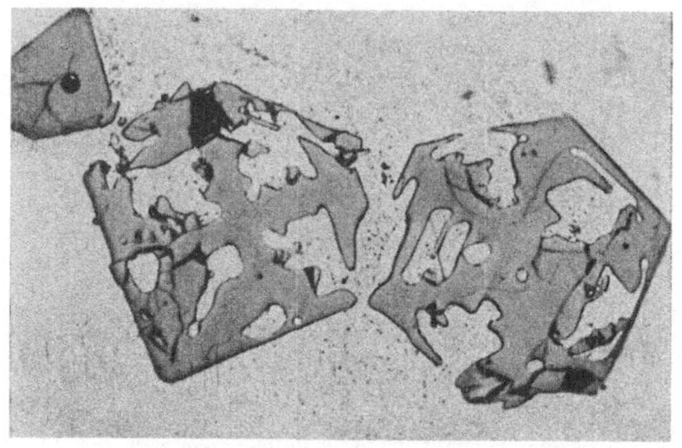

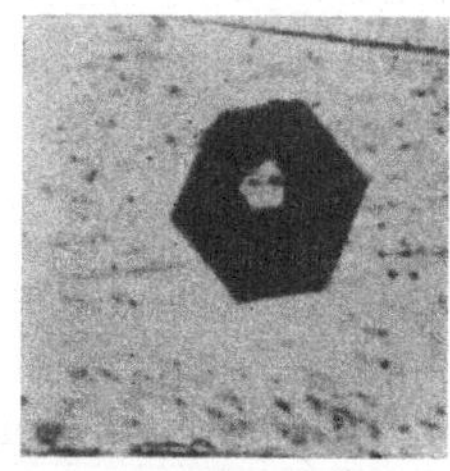

Abb. 22. Primärmangan aus einer Schmelze mit 4% Mn,
1000 ×.

Abb. 23. Nadel von Al_4Mn,
quer geschnitten, 1000 ×.

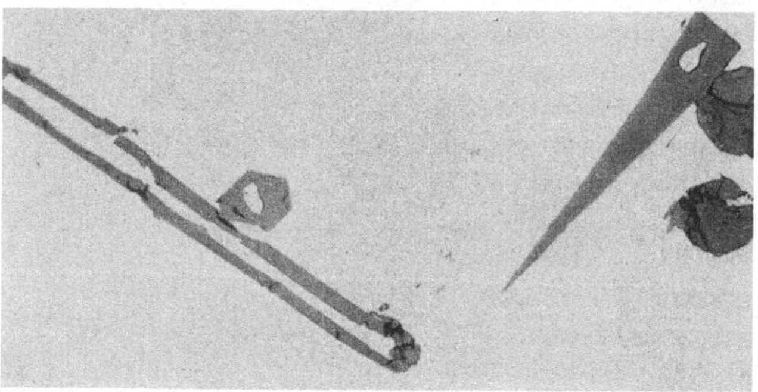

Abb. 24. Al_4Mn.

gelegentlich lassen Kristalle im Schliffbild darauf schließen. Da das
Mangan den technischen aluminiumhaltigen Legierungen vielfach in
Form einer Aluminium-Mangan-Vorlegierung beigegeben wird, die bei
10% Mangan vorwiegend Al_3Mn, peritektisch umgeben von Al_4Mn und
Al_6Mn, enthält[2], ist die Möglichkeit hierzu ohne weiteres gegeben[3]. Ein
Beispiel gibt Abb. 25.

[1] Hofmann, W.: Aluminium, Bd. 20 (1938) S. 868.
[2] Leemann, W. G.: Das Dreistoffsystem Aluminium-Magnesium-Mangan.
Aluminium-Arch. Bd. 9 (Berlin 1938).
[3] Beck, A.: Magnesium und seine Legierungen, Berlin 1939, S. 67.

In diesen aluminiumhaltigen Legierungen ließ sich einige Male ein einigermaßen wohlausgebildetes Eutektikum von Magnesium und Mangan beobachten. Abb. 26 läßt primäre Mangannadeln erkennen, wohl von Al_4Mn, ferner binäres Eutektikum zwischen Magnesium und Mangan bzw. Al_4Mn, das wie meistens die Eutektika von Magnesium insofern entartet ist, als sich das Magnesium mit den primären Magnesiummischkristallen vereinigt hat. Schließlich ist auch das entartete ternäre Eutektikum aus Magnesiummischkristall, Al_2Mg_3 und Mangan bzw. einer Mangan-Aluminium-Verbindung neben dem Primärmangan zu

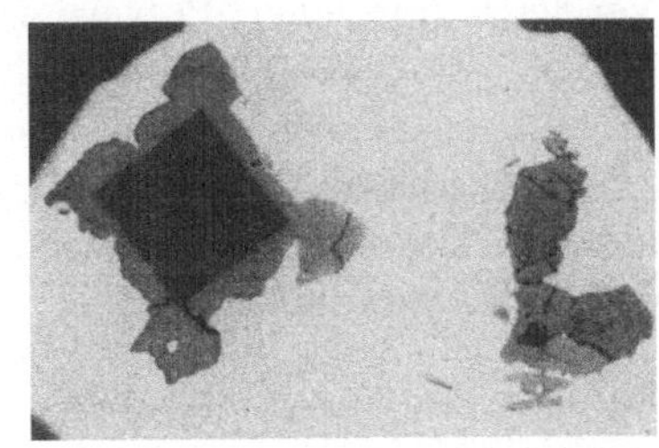

Abb. 25. Peritektischer Al-Mn-Kristall, $1000 \times$.

erkennen. Wieder ist hier das Magnesium entartet, während das Mangan in Form feinster Pünktchen im Al_2Mg_3 liegt.

Die im Reinmagnesium auftretende Mangankristallart ist von G. Siebel[1] als reines Mangan bestimmt worden. E. F. Bachmetev

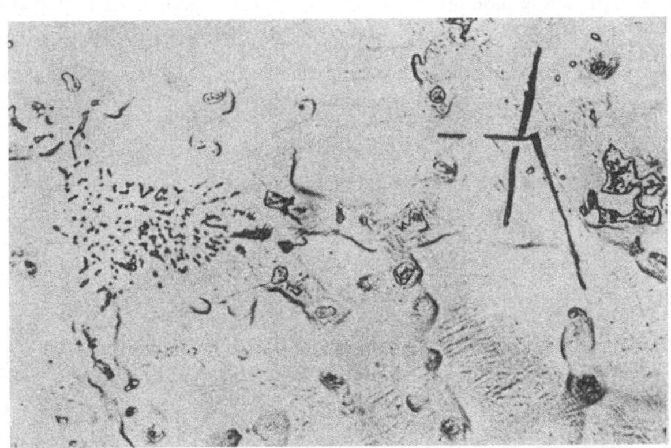

Abb. 26. Binäres und ternäres Eutektikum in einer Mg-Al-Mn-Legierung, $750 \times$.

und J. M. Golovchinev[2] stellten ein kubisches Gitter fest und vermuteten β-Mangan. Bei eigenen Untersuchungen zeigte eine Debye-Scherrer-Aufnahme einer mit Mangan angereicherten Probe von einer

---

[1] Siehe Fußnote 3 Seite 18.

[2] Bachmetev, E. F., u. J. M. Golovchinev: Ref. Metallurg. Abstracts Bd. 2 (1935) S. 577. — Das Referat gibt keine Auskunft, weshalb die Verfasser β-Mangan annehmen.

Legierung mit 2% Mn neben den Magnesiumlinien trotz ungünstiger Strahlung deutlich die Reflexe $\frac{033}{114}$ $\frac{127}{336}$ sowie 255 des α-Mangans, was durch Vergleich mit einer Pulveraufnahme von α-Mangan gesichert wurde.

Abb. 27 zeigt frei gelöste Mangandendrite; auch sie erwiesen sich in Debye-Scherrer-Aufnahmen als reines α-Mangan.

Voßkühler[1] führt gegen die Behauptung Sawamotos[2], daß in binären Magnesium-Mangan-Legierungen ein eutektischer Punkt bei 0,85% Mangan auftritt, die von E. Schmid und G. Siebel[3] bestimmte maximale Löslichkeit an. Die

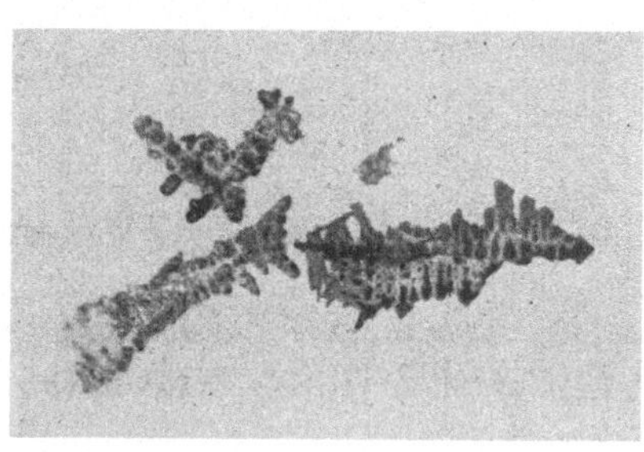

Abb. 27. Frei gelöste Mangandendrite, 35 ×.

weitere Feststellung der japanischen Arbeit, daß Mg_9Mn gebildet wird, konnte nicht nachgeprüft werden, da die Originalarbeit nicht zugänglich war. Das Referat spricht von einer neuen β-Phase, die eine feste Lösung von Mg_9Mn sei und peritektisch bei 726° gebildet werde. Ihr primäres Vorkommen wird auch in Magnesium-Aluminium-Mangan-Legierungen behauptet[4]. Vermutlich ist das gelöste Mangan gemeint, das sich pünktchenförmig ausscheidet. Die Formel der röntgenographisch nicht untersuchten Verbindung, die etwa 20 Gewichts-Prozenten Mn bzw. 9,9 Atom-Prozenten Mn entspricht, ist aus dem thermisch und mikroskopisch untersuchten Zustandsbild erschlossen.

2. Aluminium.

Neben dem Mangan bildet das Aluminium den technisch wichtigsten Legierungsbestandteil in einer Reihe von Magnesiumlegierungen, denen es in Mengen von etwa 3 bis 10% beigegeben wird. Im Schliffbild tritt es als Al_2Mg_3 auf, es erscheint weiß und wird von den für Magnesium üblichen Ätzmitteln nicht angegriffen. Es steht frei, die Verbindung auch als Al_3Mg_4 zu bezeichnen, da das Gebiet dieses intermediären Mischkristalls in seiner Breite beide Konzentrationen umfaßt (etwa 42,5 bzw. 46% Aluminium)[5]. Reguläre Kristalle erhält man leicht beim

---

[1] Beck: a. a. O., S. 68.

[2] Sawamoto, H.: Ref. Metallurg. Abstracts Bd. 2 (1935) S. 577.

[3] Schmid, E., u. G. Siebel: Metallwirtsch. Bd. 10 (1931) S. 923.

[4] Imaki, A.: On the Equilibrium Diagram of the Mg-Al-Mn Alloy System. Ref. Metallurg. Abstracts Bd. 6 (1939) S. 143.

[5] Hansen: Zweistofflegierungen, Berlin 1936, S. 124.

Vergießen in flacher Kokille. Die von F. Laves und Mitarbeitern[1] festgestellte Struktur der rhombendodekaedrischen Kristalle entspricht der komplizierten kubischen Struktur des α-Mangans; sie besitzen ihrer Struktur nach die Formel $Al_{12}Mg_{17}$. Von dieser Zusammensetzung sind die beiden gebräuchlichen Formeln nahezu gleich weit mit einem Unterschied von nur 0,1% entfernt. Nach dem Vorgang von F. Laves wird hier die Formel Al_2Mg_3 benutzt. Das System ist weitgehend von W. Köster und W. Dullenkopf[2], K. Riederer[3] und F. Laves und K. Möller[4] geklärt worden.

Abb. 28. Mg-Al-Versuchslegierung. Dendrite aus Al_2Mg_3, 100×.

Bei seinem relativ niedrigen Schmelzpunkt von etwa 463° hat das Al_2Mg_3 in technischen Legierungen nie Gelegenheit, reguläre Kristalle auszubilden, sondern ist stets in gewundener Form zwischen die Korngrenzen der primären Magnesiumkristalle gedrängt. Der in Abb. 28 gezeigte Dendrit entstammt einer schwach übereutektischen Versuchsschmelze. Die Ausscheidungsform des Al_2Mg_3 im Guß zeigt Abb. 29. Häufig findet es sich auch in Form eines entarteten Eutektikums, durchsetzt von Restinseln von primärem Magnesiummischkristall (Abb. 30).

Wie wir später noch ausführlich dartun wollen, ist für die technische Verwendbarkeit der Mg-Al-Legierungen eine möglichst weitgehende Homogenisierung in Bezug auf das Al_2Mg_3 von großer Wichtig-

---

[1] Laves, F., K. Löhberg u. K. Rahlfs: Über die Isomorphie von Mg_3Al_2 und α-Mangan. Nachr. Ges. Wiss. Göttingen, Math.-phys. Fachgruppe IV, N. F. Bd. 1, Nr. 7 (1934) S. 67—71.

[2] Köster, W., u. W. Dullenkopf: Z. Metallkde. Bd. 28 (1936) S. 309.

[3] Riederer, K.: Z. Metallkde. Bd. 28 (1936) S. 311.

[4] Laves, F., u. K. Möller: Z. Metallkde. Bd. 30 (1938) S. 232.

keit. Die Auflösungsgeschwindigkeit dieser Phase ist von uns mikroskopisch, durch Widerstandsmessungen und durch Gitterkonstantenbestimmung ermittelt worden[1]; wir fanden, daß sie unabhängig von den in den technischen Legierungen vorhandenen Zusätzen von Zink und Mangan ist. Sie ist nahezu unabhängig von der Größe der Al_2Mg_3-Kristalle und ist eine Funktion der Homogenisierungstemperatur der Art, daß ab 390° eine Temperaturerhöhung von je 10° die Auflösungsdauer auf die Hälfte herabsetzt.

Abb. 29. Al_2Mg_3 im Gußgefüge von Mg-Al 6, 175×.

Zur Charakterisierung dieser Phase sei noch erwähnt, daß sie, wie bei intermediären Kristallarten weitgehend überhaupt, auch im flüssigen Zustand nicht disso-

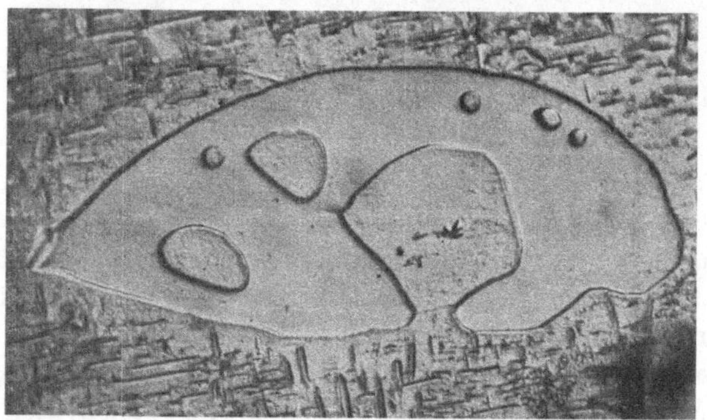

Abb. 30. Entartetes binäres Eutektikum aus Mg-Mischkristall und Al_2Mg_3, Schräglicht, 1200×.

ziiert ist, wie E. Pelzel[2] an der Abweichung von der Mischungsregel beim spezifischen Volumen von Mg-Al-Legierungen feststellen konnte[3].

Das Al_2Mg_3 findet sich außerdem noch in Form eines durch Ausscheiden im festen Zustand entstandenen Gefüges, das häufig mit der

[1] Bulian, W., u. E. Fahrenhorst: Z. Metallkde. Bd. 36 (1944) S. 20.

[2] Pelzel, E.: Z. Metallkde. Bd. 32 (1940) S. 7.

[3] Schon O. Kubaschewski hat darauf hingewiesen, daß die im festen Zustand wirkenden Bindungsenergien auch im flüssigen Zustand erhalten bleiben. Z. Elektrochem. Bd. 48 (1942) S. 646; ferner vgl. F. Sauerwald: Metallwirtsch. Bd. 20 (1941) S. 1211, und W. Leitgebel: Z. Elektrochem. Bd. 43 (1937) S. 511.

Erscheinungsform des lamellaren Perlits identisch ist und deshalb im folgenden mit „Eutektoid" bezeichnet werden soll.

Die Entstehung dieses Gefüges ist von J. L. Haughton und R. J. M. Payne untersucht worden[1], die sich vergeblich bemüht haben, eine bestimmte Bildungstemperatur und Wärmetönung zu finden. Sie halten daher dieses „eutektoidähnliche", wohl mit dem von S. Ishida[2] beobachteten „troostitischen" identischen Gefüge in seiner Entstehung für lediglich von den Ausscheidungsbedingungen abhängig. Diese Erfahrung wird man vor allem bei dem Versuch machen, die perlitähnlichen Ausscheidungen aus homogenisiertem Mischkristall wieder

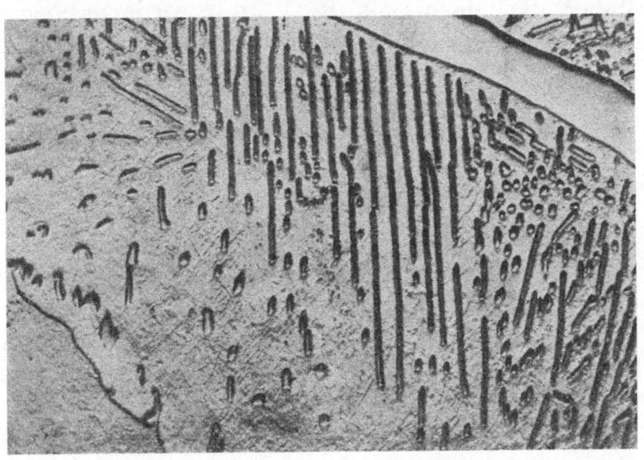

Abb. 31. Al₂Mg₃ und „eutektoide" Zone,
diese links unten nochmals gegen den Mg-Mischkristall deutlich abgesetzt, 900×.

hervorzurufen. Nach der strengen Begriffsfestlegung eines Eutektoids kann nun in der Tat hier nicht von einem solchen gesprochen werden, weil eine eindeutige Temperatur fehlt, bei der die perlitähnliche Ausscheidung erfolgt, und weil zweitens kein Zerfall einer Phase in zwei andere vorliegt. Es ist nur eine Ausscheidung einer heterogenen Phase aus dem übersättigten Mischkristall, der bei diesem Vorgang bestehen bleibt und nur aluminiumärmer wird. Wegen der weitgehenden Analogie des Zerfalls mit echtem eutektoiden Zerfall und um einer kurzen Bezeichnung willen wurde trotz der bestehenden Unterschiede im vorliegenden Buche die Erscheinung „Eutektoid" benannt[3].

Die einzelnen Lamellen dieses „Zerfallseutektoids" erscheinen bei geringer Vergrößerung im Schliff dunkel, was nicht etwa eine Ätz-

---

[1] Haughton, J. L., u. R. J. M. Payne: J. Inst. Met. Bd. 57 (1935) S. 294.

[2] Ishida, S.: J. Mining Inst. Japan (1930) 46, S. 245.

[3] Das hier mit „Eutektoid" bezeichnete Gefüge wird im englischen Fachschrifttum noch weiter in 3—4 verschieden benannte Gefüge unterteilt. Hierüber siehe A. Fisher: Magnesium Review Bd. 3 (1943) S. 31.

wirkung ist, wie gelegentlich behauptet wurde[1], sondern einen Beleuchtungseffekt darstellt. Sie bestehen, wie besonders im wechselnden Schräglicht eindeutig wird, aus weißem Al_2Mg_3. Im Schräglicht steht das Al_2Mg_3 als härterer Bestandteil reliefartig heraus; etwas weniger hoch erscheint die an Aluminium übersättigte „eutektoide" Zone, die ihrerseits gegen den Magnesiummischkristall scharf abgesetzt ist (Abb. 31). Dieses lamellare „Eutektoid", von dem, wie von den übrigen Erscheinungsformen des Aluminiums, später noch ausführlich zu reden sein wird, ist ein unter den Magnesiumlegierungen auf das System Mg-Al beschränkter Sonderfall bei der Entmischung der Magnesiummischkristalle[2]. Bei einem von R. Vogel[3] wiedergegebenen Beispiel der Legierung Mg-Au handelt es sich dagegen um den Zerfall einer Verbindung Mg_5Au_2 in zwei neue Verbindungen Mg_3Au und Mg_2Au und somit um einen echten eutektoiden Zerfall[4,5].

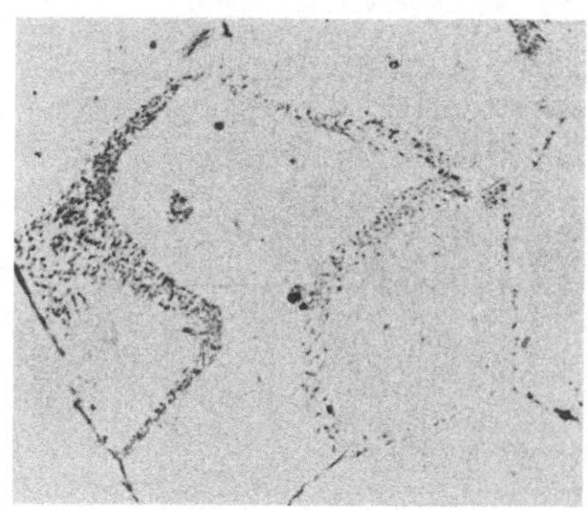

Abb. 32. Beginnende „eutektoide" Ausscheidungen, 350 ×.

Die Entstehung dieses „Eutektoids" kann in Anlaßversuchen beobachtet werden. Zunächst treten pünktchenförmige Ausscheidungen auf, die sowohl an den Korngrenzen als auch im Inneren der Kristalle angehäuft sind. Es handelt sich wohl um Fehl- und Störungsstellen, denn auch die Korngrenzen sind ja als solche zu betrachten. Diese pünktchenförmigen Ausscheidungen sind Al_2Mg_3 und technische Verunreinigungen. Sie bilden häufig auch streifenförmige Zonen und geschlossene Ringe (Abb. 32 und 33). Bei weiterem Anlassen werden die Ausscheidungen größer, sie wachsen schließlich zu Lamellen zusammen. Es wurde niemals beobachtet, daß die Lamellen sich sofort als erster Ausscheidungszustand bildeten.

Um die Frage zu klären, ob die einzelnen Lamellen des „Eutektoids" in ihrer Orientierung eine kristallographische Richtung bevorzugen, wurde an Gußproben der Gattung Mg-Al 6 das „Eutektoid" durch einstündiges Glühen bei 400° zur Lösung und durch langsames Erkalten im Ofen erneut zur Ausscheidung gebracht (Abb. 34 und 35). Man sieht

---

[1] Beck, A.: Magnesium und seine Legierungen, Berlin 1939, S. 51.

[2] Bulian, W., u. E. Fahrenhorst: Z. Naturforsch. Bd. 1 (1946) S. 263.

[3] Vogel, R.: Die heterogenen Gleichgewichte. In E. Masings Handbuch der Metallphysik Bd. II (Leipzig 1937) S. 278, 280.

[4] Wassermann, G.: Z. Metallkde. Bd. 26 (1934) S. 256.

[5] Fox, F. A., u. E. Lardner: J. Inst. Met. Bd. 69 (1943) S. 373.

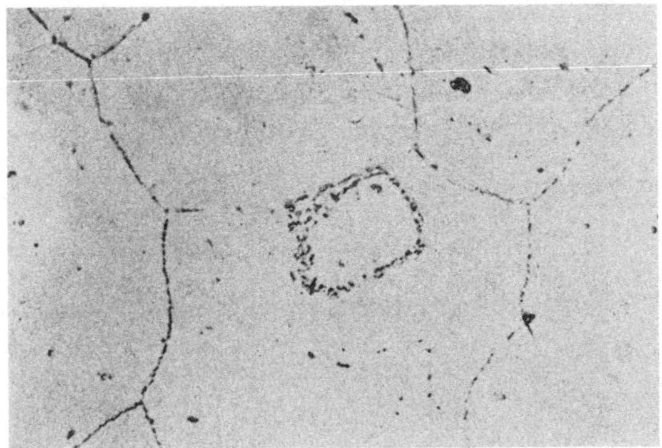

Abb. 33. Wie Abb. 32, 350×.

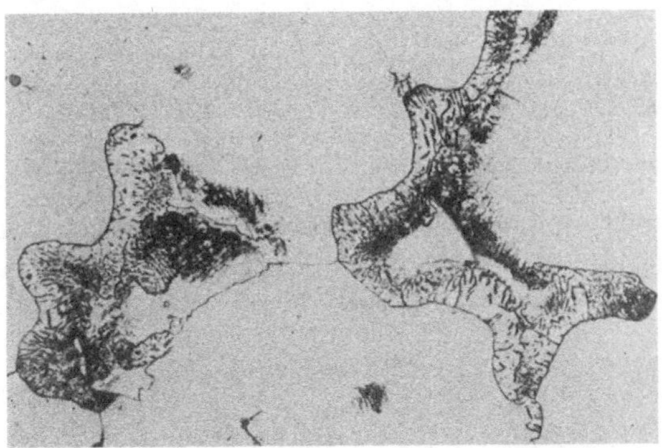

Abb. 34. „Eutektoide" Ausscheidungen in einem Guß der Gattung Mg-Al 6, 175×.

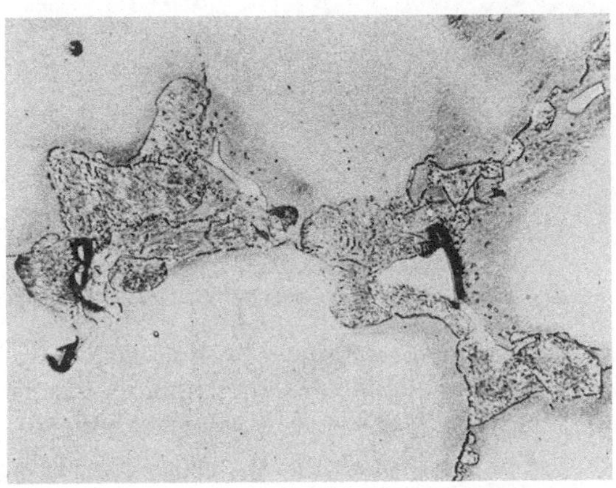

Abb. 35. Wie Abb. 28. 1 Stunde bei 400° homogenisiert und langsam erkaltet, 175×.

an den Bildern, daß die Richtung der Lamellen nicht wieder die gleiche ist.
Wie wir früher zeigen konnten[1], erfolgt bei höheren Anlaßtemperaturen
der Zerfall des Mg-Al-Mischkristalls in gerichteter Anordnung, wie sie
Abb. 36 wiedergibt. Dabei wurde gefunden, daß das „Eutektoid“

Abb. 36. Gerichtete Ausscheidungen auf den Basis- und Prismenflächen, 600×.

oberhalb 280° nicht mehr auftritt, im Gegensatz zu den Untersuchungen
von F. A. Fox[2], der 200° als obere Grenze angibt, und A. Fisher[3],
der bei 300—310° noch „Eutektoid“ vom „Perlittypus“ erhielt. Wir

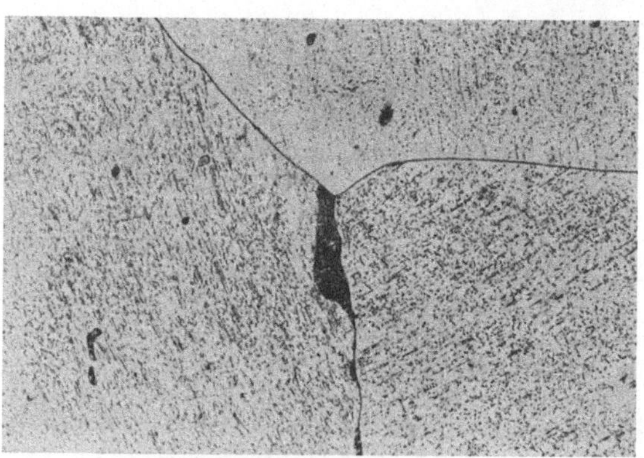

Abb. 37. Gerichtete Ausscheidungen auf den Basisflächen, in der Mitte „Eutektoid“, 300×.

fanden vielmehr, daß zwischen 140° und 280° vorzugsweise „Eutektoid“
neben „gerichteten Ausscheidungen“ auftritt (Abb. 37), während bei
Temperaturen über 280° allein gerichtete Ausscheidungen vorkommen.

[1] Bulian, W., u. E. Fahrenhorst: Z. Metallkde. Bd. 34 (1942) S. 285.
[2] Fox, F. A.: Ind. (1944) S. 114.
[3] Fisher, A.: J. Inst. Met. Bd. 67 (1941) S. 289.

Dabei besetzen die gerichteten Ausscheidungen bei niedrigen Entstehungstemperaturen allein die Basisebenen des Magnesiumkristalls[1], während oberhalb 300° auch die Prismen- und Pyramidenflächen als Ausscheidungsebenen benutzt werden (Abb. 38 und 39).

Abb. 38. Wie Abb. 36, 1500×.

Ein Vergleich[2] mit den Ausscheidungsformen einer Reihe anderer Magnesiummischkristalle erbrachte den Nachweis, daß die Mischkristallzerfallsform „Eutektoid" bei Magnesium ein auf das System Mg-Al beschränkter einmaliger Sonderfall ist, und zwar handelt es sich dabei um die von W. Gerlach[3] und U. Dehlinger[4] als „mikroskopisch inhomogene Ausscheidung" bezeichnete Form. Dabei ist für diese Ausscheidungsart das Wachstum des zerfallenden Gebietes charakteristisch, wovon später noch bei der Besprechung der technischen Legierungen Beispiele gezeigt werden (z. B. Abb. 131), ein Vorgang, den U. Dehlinger (a. a. O.) mit einer autokatalytischen Beschleunigung erklärt, während im Falle der gerichteten Ausscheidungsform,

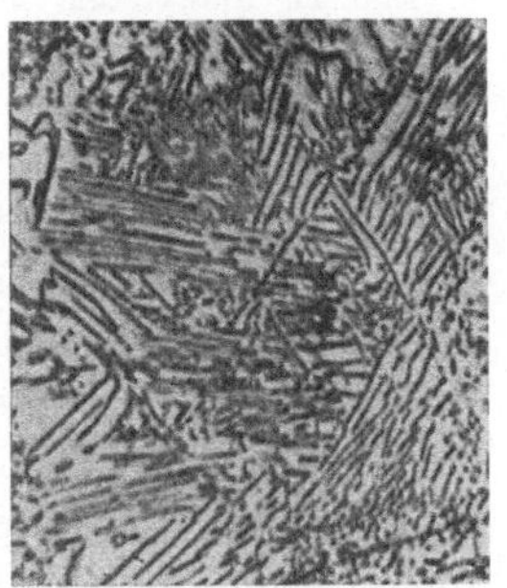

Abb. 39. Gerichtete Ausscheidungen auf Pyramidenflächen, 1000×.

den mikroskopisch homogenen Ausscheidungen, die Bildung eines über den ganzen Kristall hinweg gleichmäßig vorliegenden hochdispersen Gemenges vorliegt, das dann zu den schließlich mikroskopisch sichtbaren gerichteten Ausscheidungen führt. Dabei scheint dieser Fall auch bei anderen Metallegierungen der normale zu sein[5].

---

[1] Dasselbe Ergebnis aus röntgenographischen Untersuchungen hatten E. Lardner u. J. Nelson: Magnesium Review Bd. 3 (1943) S. 39.

[2] Bulian, W., u. E. Fahrenhorst: Z. Naturforsch. Bd. 1 (1946) S. 263.

[3] Gerlach, W.: Z. Metallkde. Bd. 29 (1937) S. 102, 124 und 145.

[4] Dehlinger, U.: Chem. Physik der Metalle und Legierungen, Leipzig 1939, S. 111 ff.

[5] Schulz, E., u. G. Wassermann: Z. Metallkde. Bd. 32 (1940) S. 415.

Reines Eutektikum aus Al_2Mg_3 und Magnesiummischkristallen entsteht im technischen Guß normalerweise nie[1], doch kann man es erhalten, wenn man ein Gefüge mit reichlich entartetem Eutektikum über die eutektische Temperatur hinaus erhitzt[2]. Man erhält sonst stets größere Kristalle von Al_2Mg_3 (zum Teil immerhin als entartetes Eutektikum). Dies hängt wohl damit zusammen, daß Magnesium leicht zur Bildung intermediärer Mischkristallphasen neigt[3]. In Versuchslegierungen mit entsprechend hohem Al-Gehalt ist das Eutektikum äußerst fein bis an die Grenze mikroskopischer Auflösbarkeit (Abb. 40).

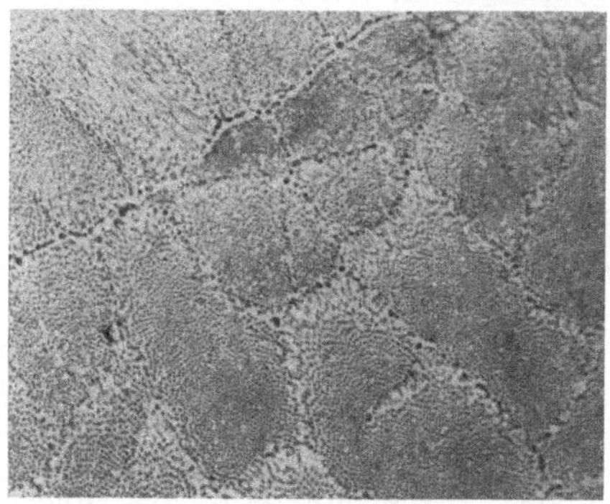

Abb. 40. Eutektikum Mg-Al_2Mg_3, $1000\times$.

3. Zink.

Den Magnesium-Aluminium-Legierungen wird durchweg auch Zink beigegeben, im allgemeinen 0,5—1%, bei Knetlegierungen und in Guß- und einigen Sonderlegierungen bis zu 4%. Im binären System ist es bis zu 8,4% löslich. Die Löslichkeit im ternären System Magnesium-Aluminium-Zink wird in den drei neuesten Untersuchungen[4—6] verschieden angegeben. Die Untersuchung der Löslichkeit in der ternären Magnesiumecke wurde von E. Schmid und G. Siebel ausgeführt[7]. In jedem Falle erscheint die Löslichkeit so groß, daß eine gesonderte Magnesium-Zink-Phase im Schliffbild niemals beobachtet wird. Es ist anzunehmen, daß auch der Al_2Mg_3-Mischkristall Zink in feste Lösung enthält. Die von W. Köster und W. Wolf festgestellte ternäre Phase $Al_2Mg_3Zn_3$[8] tritt jedoch ebenfalls nicht auf. Es ist nur in binären technischen Legierungen mit 4% Zink durch Ätzen eine Seigerungszone an den Korngrenzen zu erkennen. So konnte von einer Wiedergabe der spießigen hexagonalen Nadeln aus $MgZn_2$ Abstand genommen werden, die in Legierungen mit höherem Zinkgehalt leicht zu erzielen sind.

Im Zusammenhang mit den obengenannten Versuchen über den

[1] Beck, A.: Magnesium und seine Legierungen, Berlin 1939, S. 50.

[2] Dehlinger, U.: Z. Elektrochem. Bd. 41 (1935) S. 21.

[3] Hess, J. B., u. P. F. George: Met. Ind. Bd. 62 (1943) S. 114 u. 136.

[4] Köster, W., W. Dullenkopf u. W. Wolf: Z. Metallkde. Bd. 28 (1936) S. 309.

[5] Hamasumi, M.: Sci. Rep. Tôhoku Univ. Honda-Festschrift 1936 S. 748.

[6] Fink, W. L., u. L. A. Willey: Trans. Amer. Inst. min. metallurg. Engrs. Inst. Met. Div. Bd. 114 (1937) S. 78.

[7] Beck, A.: Magnesium und seine Legierungen, Berlin 1939, S. 88.

[8] Köster, W., u. W. Wolf: Z. Metallkde. Bd. 28 (1936) S. 155.

Zerfall übersättigter Magnesium-Mischkristalle war auch bei der Untersuchung von Magnesium-Zink-Legierungen gefunden worden (siehe S. 27 Fußnote 1), daß die Ausscheidungen der Phase $MgZn_2$ gerichtet erscheinen, wie Abb. 41 zeigt.

Eigene unveröffentlichte Versuche über den Einfluß des Zinkgehaltes auf das Gefüge von Mg-Al-Legierungen brachten folgende Ergebnisse. Ein kornverfeinernder Einfluß auf das Gefüge kommt dem Zink nicht zu, dafür fördern Zinkgehalte über 1% beim Anlassen die Menge des „eutektoidisch" zerfallenden Mg-Al-Mischkristalls. Die homogenen Schliffproben sprechen mit steigendem Zinkgehalt immer rascher auf das Ätzmittel an, der Mischkristall wird also merklich unedler.

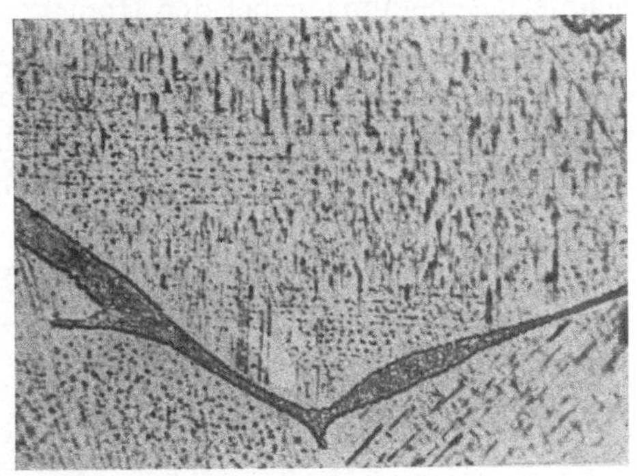

Abb. 41. Gerichtete Ausscheidungen von $MgZn_2$, 600 ×.

Schließlich nimmt auch die Kornseigerung mit steigendem Zinkgehalt schnell zu. Ein Zusatz von 1% Zn erhöht endlich die Löslichkeit des Aluminiums im Magnesium im festen Zustand zwischen 6 und 7,5% Al derart, daß die jeweilige Löslichkeitstemperatur um mindestens 5° herabgesetzt ist.

4. Zer, Kalzium und Quecksilber.

Neben den drei Elementen Mangan, Aluminium und Zink treten als technische Komponenten für gewisse Sonderlegierungen die hierfür angewendeten Zusatzmetalle Zer und Kalzium durchaus zurück. Zer wird der Legierung Mg-Mn zum Zwecke der Kornverfeinerung beigegeben. Eine Legierung mit 6% Zer[1] wird wegen ihrer höheren Härte und vor allem Warmfestigkeit trotz verminderter Dehnung verwendet. Im Guß erscheint Mg_2Ce an den Korngrenzen als dichtes Netz weißlicher Kristalle. Nach der Verformung ist es in unregelmäßigen Stücken oder rundlich im Schliff verteilt.

Kalzium dient in einem Gehalt von etwa 0,2% ebenfalls zur Kornverfeinerung in Magnesium-Mangan-Legierungen[2]. Die weiße, auf den Korngrenzen bei höheren Gehalten erscheinende Kristallart ist Mg_2Ca. Das Eutektikum war bei Versuchsschmelzen wohl ausgebildet; die Primärdendrite bilden häufig ein Skelett aus einzelnen wirbelförmigen Kristallen.

[1] Beck, A.: a. a. O., S. 135.
[2] Bulian, W.: Z. Metallkde. Bd. 31 (1938) S. 302.

Auch das Mg_2Ca scheidet sich beim Zerfall des übersättigten Mg-Ca-Mischkristalls, der maximal 0,85% Ca in fester Lösung haben kann[1], in Form gerichteter Ausscheidungen aus, die im wesentlichen, wie Abb. 42 zeigt, auf der Basis liegen.

Neuerdings wurde vorgeschlagen[2], Kalzium in geringen Mengen als Legierungszusatz zu Mg-Al-Gußlegierungen zu verwenden, um Anschmelzerscheinungen bei der Homogenisierungsglühung zu vermeiden. Nach F. A. Fox kann aber durch mehr als einige Hundertstel Prozent Ca[3] die Diffusion des Aluminiums beim Homogenisieren verzögert werden. Erwähnt sei schließlich noch die mehrfach vorgeschlagene Verwendung des Kalziums als Legierungszusatz für warmfestere Magne-

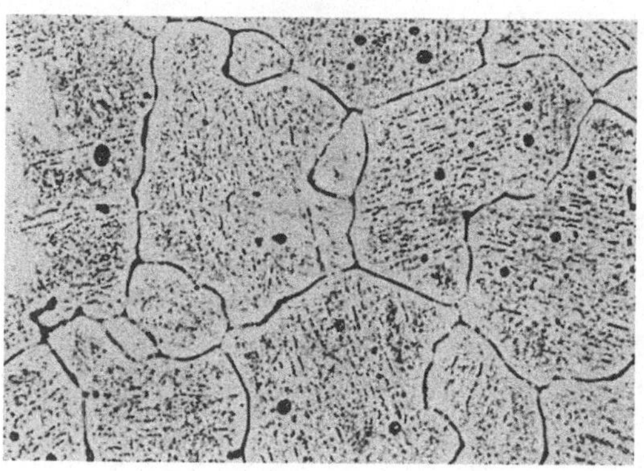

Abb. 42. Gerichtete Ausscheidungen von Mg_2Ca, 200×.

siumlegierungen[4,5], sowie in Verbindung mit einem hohen Wasserstoffgehalt der Schmelze als Kornverfeinerungsmittel für Kokillenguß[6].

Ebenso wie mit den im vorstehenden Abschnitt genannten Metallen ist versucht worden, mit Quecksilber in der Größenordnung von einigen Zehntel Prozent als Legierungszusatz zur Legierung Mg-Mn eine Verbesserung der Eigenschaften der Ausgangslegierung zu erzielen. Die darüber angestellten Versuche[7,8] erbrachten den Nachweis, daß Quecksilber in der angegebenen Menge tatsächlich und wider Erwarten eine

---

[1] Bulian, W., u. E. Fahrenhorst: Z. Metallforsch. Bd. 1 (1946) S. 70.

[2] US. Pat. 2185452.

[3] Fox, F. A.: Met. Ind. (1944) S. 114.

[4] Haughton, I. L., u. W. E. Prytherch: Magnesium and its Alloys, London 1937, S. 54.

[5] Chubb, W. F.: Light Metals 1939, S. 184.

[6] Mannchen, W.: Z. Metallkde., im Druck.

[7] Nowotny, H.: Z. Metallforsch. Bd. 1 (1946) S. 130.

[8] Bulian, W.: Z. Metallforsch. Bd. 2 (1947) S. 158. Zum System Mg-Hg ferner G. Brauer, H. Nowotny u. R. Rudolph: Z. Metallforsch. Bd. 2 (1947) S. 81.

korrosionshemmende Wirkung ausübt. Die technischen Eigenschaften der Legierung haben hingegen bisher nicht sehr zum Weiterverfolgen dieses Weges ermutigt.

Metallographisch bemerkenswert war bei den Untersuchungen allein[1], daß das Gefüge der stranggepreßten quecksilberhaltigen Legierung einen sehr geringen Rekristallisationsgrad besitzt. Schliffuntersuchungen bei Warmaushärtungsversuchen zeigten hingegen, daß ein nennenswerter Unterschied von Ausgangsgefüge und Anlaßgefüge unabhängig von der Anlaßzeit und Anlaßtemperatur nicht zu erkennen war. Eine kornverfeinernde Wirkung des Quecksilberzusatzes konnte ebenfalls nicht festgestellt werden.

C. Technische Verunreinigungen.

5. Silizium.

Man findet außer den besprochenen Kristallarten im Schliffbild technischer Legierungen noch weitere Phasen, die als Verunreinigungen aus dem Herstellungsgang unvermeidlich sind. Am häufigsten tritt Silizium auf, und zwar stets als Mg_2Si, das an seiner blauen Farbe schon

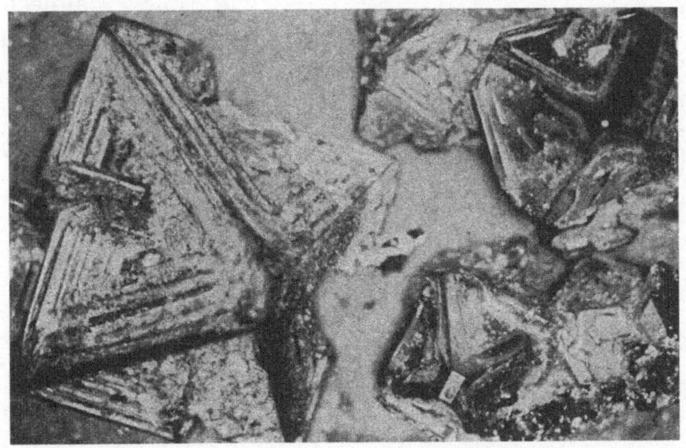

Abb. 43. Frei gewachsene Mg_2Si-Kristalle, 25×.

im ungeätzten Schliff unverkennbar ist. Die Kristalle sind nicht immer regelmäßig, sondern zerklüftet und unvollständig. Schon die im Lunker frei gewachsenen Kristalle von dunkelstahlblauer Farbe werden bei zunehmendem Wachstum bereits unterhalb 0,5 mm Größe löcherig. Sie sind sehr spröde und bei Berührung sofort spaltbar (Abb. 43). Dieselben hohlen Formen zeigen sie im Schliffbild. Die kubischen Kristalle zeigen

---

[1] Siehe Fußnote 8 Seite 30.

sich je nach dem Schnitt drei- bis sechseckig, wie Abb. 44 erkennen läßt, wo sie im Eutektikum eingebettet sind. In langsam gekühlten technischen Schmelzen sind sie manchmal sehr regelmäßig ausgebildet (Abb. 45). Bei höheren Konzentrationen zeigt sich die zerklüftete Form (Abb. 46), die man als chinesische Schriftzeichen anspricht (Abb. 47) und die auch große weitverzweigte Dendrite bildet. Schmilzt man eine solche Legierung um, so entstehen die allerbizarrsten Formen, die sich fadenförmig in ein Eutektikum aus zarten Fäden erstrecken (Abb. 48). Wo keine Primärdendrite in der Nähe sind, besteht das Eutektikum aus feinsten Kügelchen, das wie das Magnesium-Aluminium-Eutektikum bis an die Grenze der Auflösbarkeit geht und in der Schwarz-Weiß-Photographie nicht von ihm zu unterscheiden ist. Die geringen Mengen, in denen Mg_2Si auftritt, lassen es belanglos erscheinen. Immerhin

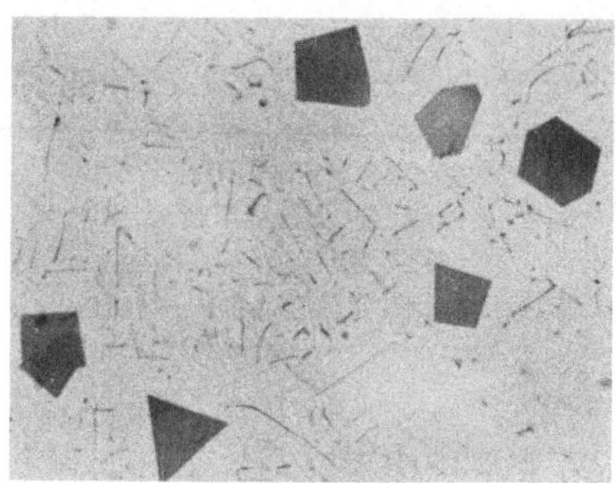

Abb. 44. Mg_2Si, 600×.

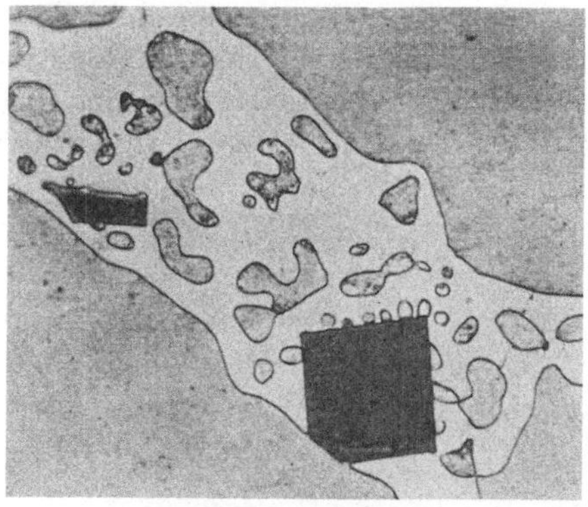

Abb. 45. Mg_2Si, in Al_2Mg_3 eingebettet, 1300×.

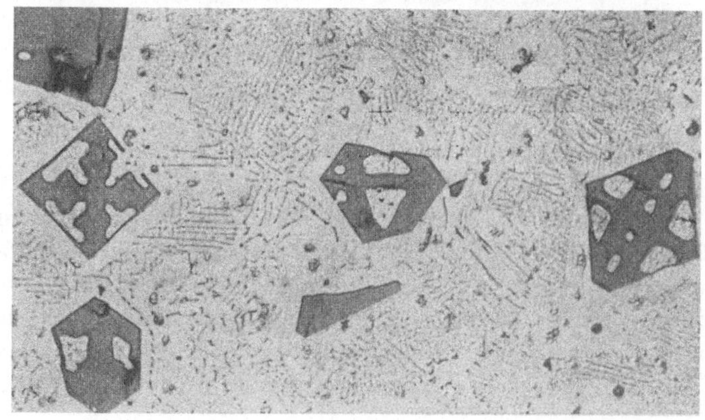

Abb. 46. Mg_2Si-Primärkristalle, im Eutektikum liegend, 400×.

ist es gelegentlich in verpreßtem Material zeilenförmig angehäuft. Hier erweisen die Kristalle ihre Sprödigkeit, indem sie beim Zugversuch

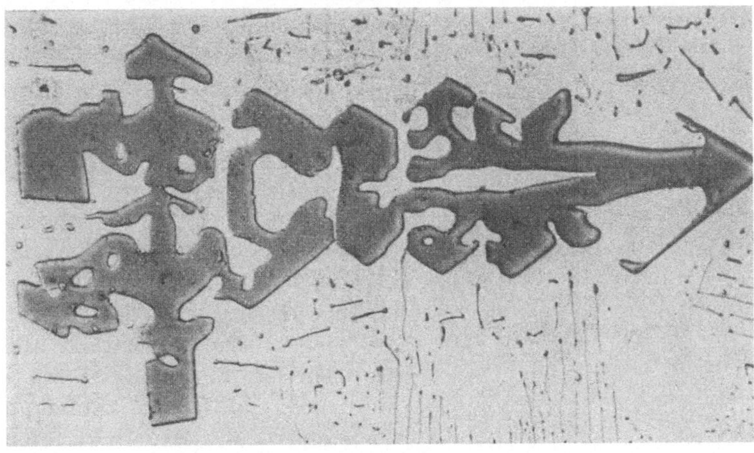

Abb. 47. Mg_2Si-Kristall, 450×.

frühzeitig, d. h. lange vor Erreichung der Streckgrenze der Legierung selbst, zerreißen, wobei im Mikroskop schwarze Spalten zwischen den einzelnen Kristallstücken sichtbar werden. Durch diese extreme Sprödigkeit können sie nachteilig auf die Festigkeitswerte wirken.

Die Löslichkeit im festen Zustand ist von Klemm und Westlinning[1] zu $< 0,1\%$ bestimmt worden, da bereits bei dieser Konzentration im Röntgenbild die Linien von Mg_2Si auftreten. Nach eigenen Versuchen steigt der elektrische Widerstand mit zunehmendem Siliziumgehalt an, obwohl ungelöstes Mg_2Si vorhanden ist. Dieses bildet sich in Schmelzen sehr leicht, und sein Auftreten beweist nicht, daß die volle Löslichkeit vorher verwirklicht ist.

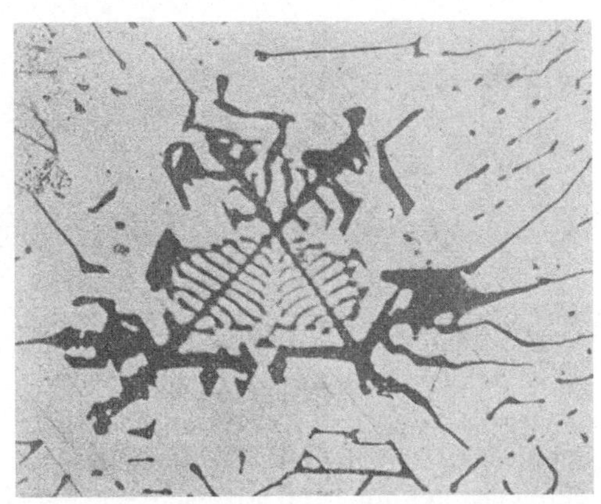

Abb. 48. Mg_2Si-Primärkristall nach dem Umschmelzen, 800×.

---

[1] Klemm, W., u. H. Westlinning: Z. anorg. allg. Chem. Bd. 245 (1941) S. 378, siehe auch Raynor, G. V.: J. Inst. Met. Bd. 66 (1940) S. 403.

Das einmal vorhandene Mg_2Si geht durch Glühen bei 600° zwar sehr schwer, aber deutlich in Lösung, wobei sich die ausgesprochen kantigen Kristalle im Schliffbild völlig abrunden. Der Widerstand stieg bis zu 0,4% Silizium noch an. Da aber in Schmelzen mit über 0,2% Silizium auch nach wochenlangem Glühen primäres Mg_2Si erhalten bleibt, überschreitet die Löslichkeit wohl nicht 0,2%.

Abb. 49. Eisendendrit, 800×.

6. Eisen.

Eine Klärung über das Vorkommen des Eisens im Magnesium ist besonders erwünscht, weil das Eisen die Korrosionsgefahr beträchtlich erhöht. Die bisherige Forschung nahm eine Unlöslichkeit im festen Zustand an[1,2]. Die letztgenannte Arbeit bringt aber auch einen Eisendendrit, der als solcher angesprochen wird[3]. Siebel spricht von einer Löslichkeit von 0,05% im flüssigen Zustand[4]. Ebenso behauptet Camescasse eine beschränkte Löslichkeit im flüssigen sowie Unlöslichkeit im festen Zustand, in dem das Eisen außerordentlich fein ausgeschieden sei[5], was auch Jones behauptet[6]. Versuche der Verfasser[7] ergaben eine echte Löslichkeit von Eisen in flüssigem Magnesium, die von 0,025% beim Schmelzpunkt auf 0,84% bei 1200° anstieg. Wurden eisenreiche

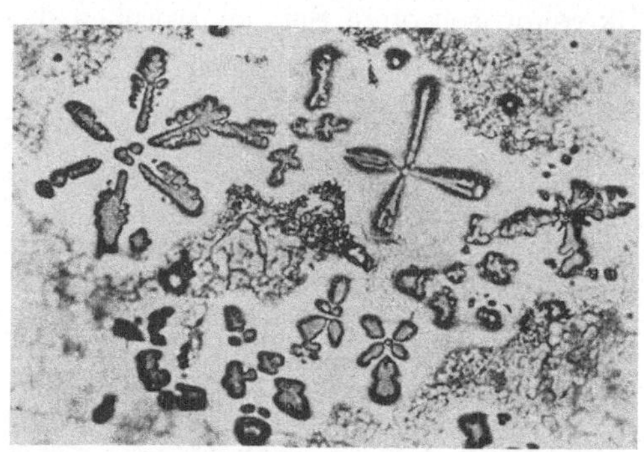

Abb. 50. Eisendendrite, 600×.

Schmelzen von hoher Temperatur auf eine niedrigere des flüssigen Bereiches gekühlt und abgeschreckt, so fiel das Eisen aus bis auf den der niedrigen Temperatur entsprechenden Gehalt. Es ist also eine

---

[1] Hansen, M.: Der Aufbau der Zweistofflegierungen, Berlin 1939, S. 675.

[2] Beck, A.: Magnesium und seine Legierungen, Berlin 1939, S. 43, 62.

[3] Beck, A.: a. a. O., S. 43.   [4] Beck, A.: a. a. O., S. 49.

[5] Camescasse, P.: In V. Engelhardt: Handbuch der technischen Elektrochemie Bd. 3 (Leipzig 1934) S. 187.

[6] Jones, W. R.: Metallurgist Bd. II (1938) S. 157.

[7] Fahrenhorst, E.. u. W. Bulian: Z. Metallkde. Bd. 33 (1941) S. 31.

echte Löslichkeit vorhanden. In der technischen Legierung mit 2% Mn war der Eisengehalt niedriger[1].

Die Form der Eisenkristalle war in den Legierungen mit Mangan dieselbe wie im Reinmagnesium. Es kommt also wohl keine Eisen-Mangan-Verbindung zustande. Das Eisen tritt in Form regelmäßiger Dendrite auf, die mit der Temperatur der Schmelze größer werden. Abb. 49 und 50 zeigen Dendrite aus einer bei 1200° im zugeschweißten Eisentiegel geglühten Schmelze. Auch hier wie bei Mangan läßt natürlich das Schliffbild keine Schlüsse auf die Kristallform zu. Bei langsam gekühlten Schmelzen tritt, am Boden abgesetzt, anscheinend eine andere, nadlige Kristallart auf. Diese wurde auch an der Tiegelwand erzielt, an der das Magnesium einzelne Eisenkristalle herausgelockert hat, während sich in der Schmelze ein Eisendendrit befindet, der zweifellos ganz in Magnesium gelöst gewesen ist (Abb. 51). Nachdem es bei weiteren Untersuchungen gelungen ist, die Eisenkristalle herauszulösen[2], konnten beide Arten röntgenographisch als Eisen bestimmt werden. Die Dendrite zeigen, von einem Mittelpunkt ausgehend, sechs Äste in Richtung auf die Seitenmitten [001] und acht Äste in Richtung auf die Ecken

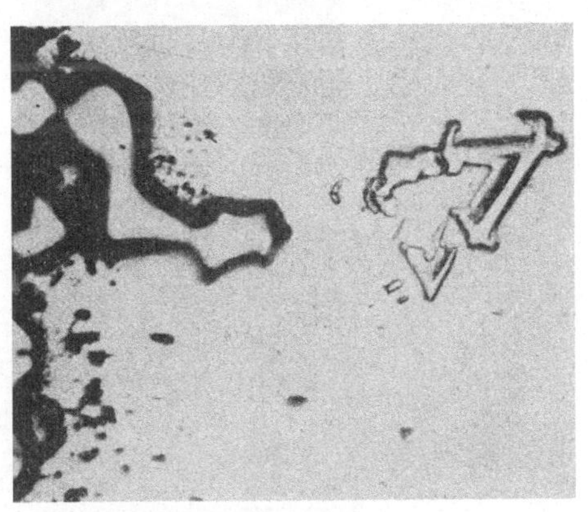

Abb. 51. Eisenkristall, aus Tiegelwand gelöst und wieder ausgeschieden, 700×.

eines Würfels, also [111]. Die bei langsamer Abkühlung auftretenden nadelförmigen Kristalle im Schliff stellen Schnitte durch blattförmige Dendrite verschiedener Tracht dar, die bis zu mehreren Quadratmillimetern groß werden und ihrerseits wieder hohlgekehlte Nadeln von ungewöhnlicher kristallographischer Orientierung tragen.

Abb. 52 zeigt ein Haufwerk von Eisendendriten aus Magnesium herausgelöst, während die Abb. 53 und 54 Schliffbilder von Eisenkristallen wiedergeben, die im ersten Fall blättchenförmig, vorwiegend aus Rhomben zusammengesetzte Dendrite darstellen, und im zweiten Fall einen durch die Schlifffläche quergeschnittenen Dendrit zeigen. Weitere aus Magnesium herausgelöste Eisenkristalle besonders typischer Ausbildung zeigen die Abb. 55 und 56[3].

---

[1] Siehe auch G. Siebel: Z. Metallkde. Bd. 39 (1948) S. 22.

[2] Bulian, W., u. E. Fahrenhorst: Z. Metallkde. Bd. 34 (1942) S. 166.

[3] Einzelheiten über die Kristallstrukturen des Eisens im Magnesium sowie ihre Entstehungsbedingungen siehe Fußnote 1.

Abb. 52. Haufwerk aus Mg herausgelöster Eisendendrite, 30×.

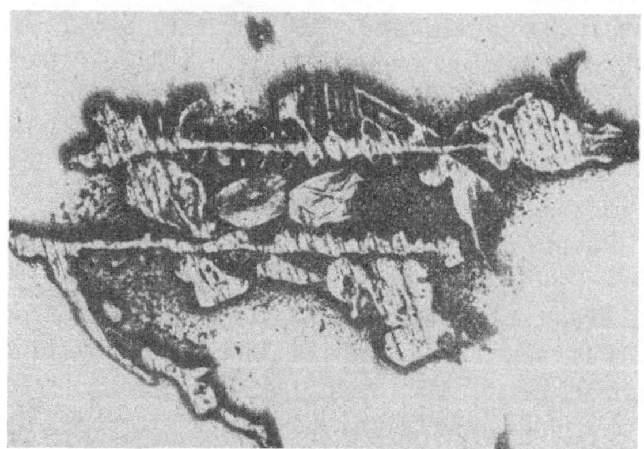

Abb. 53. Eisendendrit im Schliff, 900×.

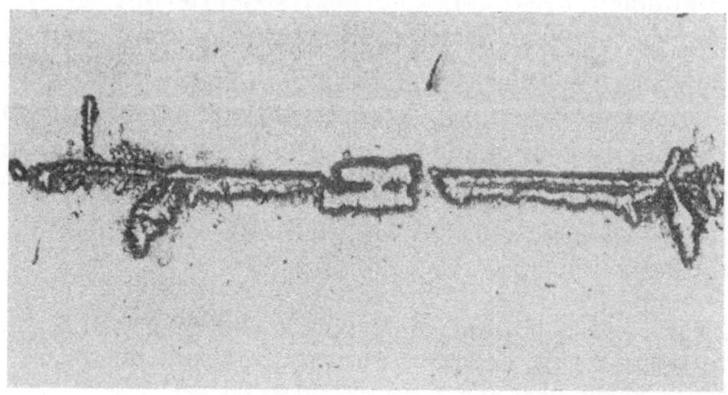

Abb. 54. Quergeschnittener Dendrit im Schliff, 600×.

Da das Eisen nur eine Verunreinigung darstellt und am Schliffbild der technischen Legierungen kaum charakteristisch beteiligt ist, sei seine Erscheinungsform, der Geschlossen-heit der Darstellung halber, schon hier gegeben. Bei den üblichen geringen Ge-halten tritt das Eisen in Form kleiner Körnchen an den Korngrenzen auf. Nur bei sehr rascher Abkühlung sind die Körnchen wahllos in den Primärkristal-len des Magnesiums verteilt. Abb. 57 und 58 zeigen solche Korngrenzenab-scheidungen in Rohmagnesium. Da das Eisen mit steigender Temperatur zu-nehmend löslich ist, findet es sich am häufigsten in den überhitzten technischen Sandgußlegierungen. Einen Einzelden-drit aus der Legierung G Mg-Al bringt Abb. 59. Schließlich läßt sich noch ein

Abb. 55. Eisendendrit, 18×.

ternäres Eutektikum in Al-haltigen Legierungen beobachten, an dem möglicherweise Eisen beteiligt ist (Abb. 60). Es darf wohl angenommen

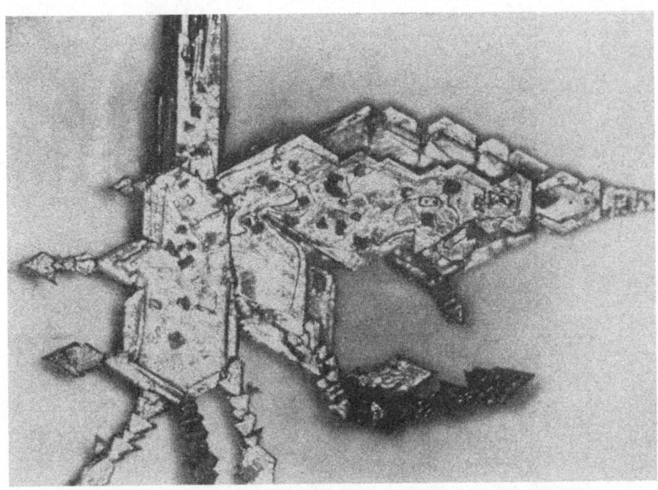

Abb. 56. Fe-Kristall, aus Rhomben mit Oktaederästen zusammengesetzt, 40×.

werden, daß höher aluminiumhaltige Schmelzen eher Eisen aufnehmen als solche ohne Aluminium, weil sich sehr leicht Al_3Fe bildet[1,2]. Das

---

[1] Bradley, A. J., u. A. Taylor (Proc. roy. Soc., Lond. 1938 [A] 166, 353) geben die Formel Al_7Fe_2, wodurch sich die Lage der Verbindung, die in zwei Modi-fikationen vorkommt, um etwa 4 Gewichtsprozente zur Aluminiumseite verschiebt.

[2] Bradley, A. J., u. H. J. Goldschmidt: J. Inst. Met. Bd. 6 (1939) S. 199.

Bild dieser nadligen Verbindung ist aus Aluminiumlegierungen sehr wohl bekannt. Ein wesentlicher Farbenunterschied ist jedoch zwischen diesen beiden sowie den Eisendendriten nicht festzustellen. Sie erscheinen alle mehr oder weniger lilarötlich und reagieren auf kein Ätzmittel. Die von Möckel[1] behauptete ternäre Kristallart aus Aluminium, Eisen und Mangan besteht nicht. Es handelt sich um Al_6Mn, das starke ternäre Mischkristallbildung zeigt und in Magnesiumlegierungen nicht auftritt[2].

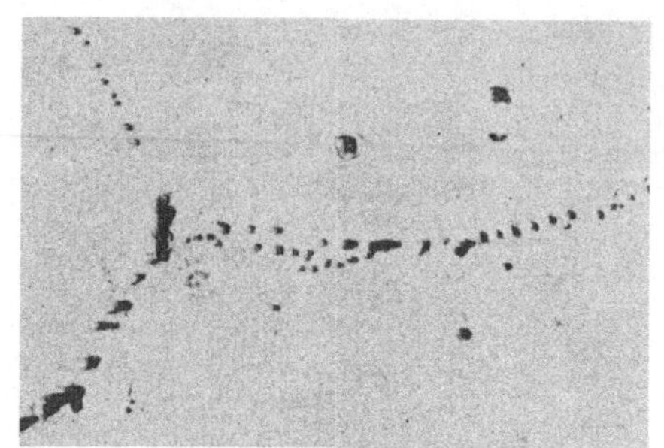

Abb. 57. Eisen, auf Korngrenzen abgeschieden, 200 ×.

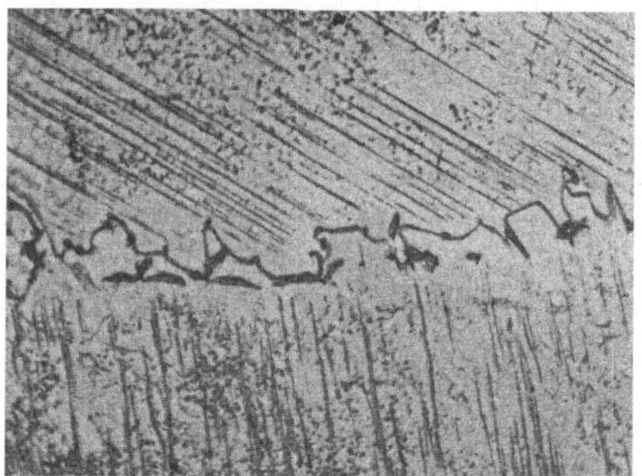

Abb. 58. Eisen, auf Korngrenzen ausgeschieden, 400 ×.

7. Weitere Elemente und Oxyde.

Was an weiteren Elementen gelegentlich im Magnesium vorkommt, entzieht sich wegen seiner geringen Menge der mikroskopischen Beobachtung. Es ist auch über ihre nach-

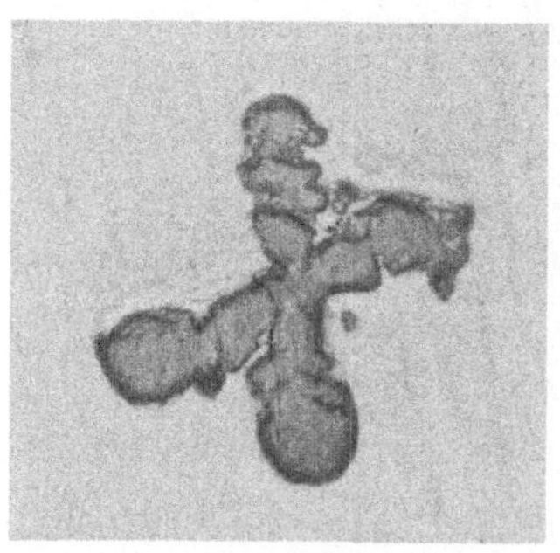

Abb. 59. Eisenkristall aus einer Sandgußlegierung, 1000 ×.

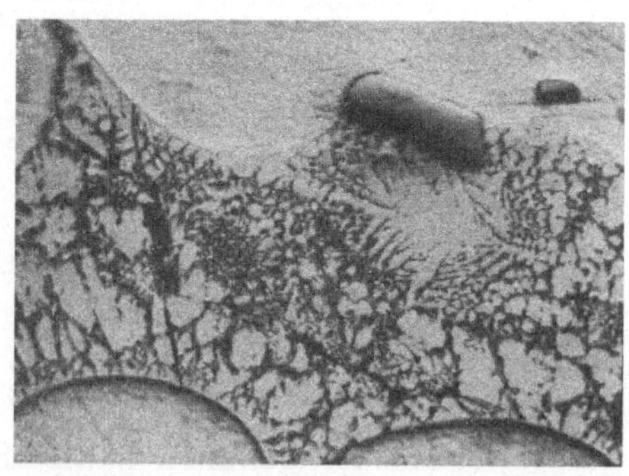

Abb. 60. Ternäres Eutektikum, vielleicht mit Eisen, 850 ×.

[1] Möckel, E.: Aluminium, Berl. 1937, S. 433—439.

[2] Degischer, E.: Die Aluminiumecke des Dreistoffsystems Al-Fe-Mn. Aluminium-Arch. Bd. 18 (Berlin 1939).

teilige Wirkung auf die Festigkeitseigenschaften und die Korrosionsbeständigkeit wenig bekannt. Eine Empfindlichkeit, wie sie etwa das

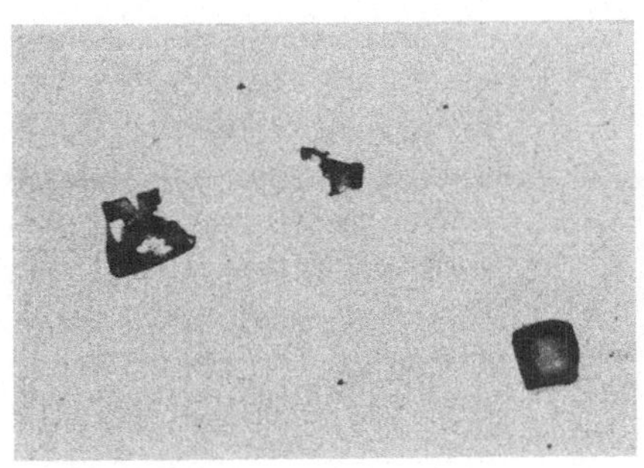

Abb. 61. Mg_3P_2, 600 ×.

Abb. 62. Nichtmetallischer Schlacken-
einschluß, 1000 ×.

Zink für geringste Zusätze von Zinn oder Blei zeigt, ist für Magnesium
noch nicht festgestellt worden.

Kupfer und Blei, die aus Umschmelzlegierungen auftreten können,
sind in den hierbei vorkommenden sehr geringen Mengen ganz löslich.

Phosphor, der das kubische
Mg_3P_2 bildet, zeigt im Schliff
auch die vom Mg_2Si bekannten Formen (Abb. 61). Daß
auch Sechsecke beobachtet
werden, spricht nicht gegen
das Vorhandensein dieser Verbindung, wie von Vosskühler
angenommen wird[1], da ein
Kubus leicht als Sechseck geschnitten werden kann, das
seinerseits ganz regulär ist,
wenn der Schnitt sechs Kan-
tenmitten trifft. Legierungen
mit Phosphor haben keine
Bedeutung erlangt.

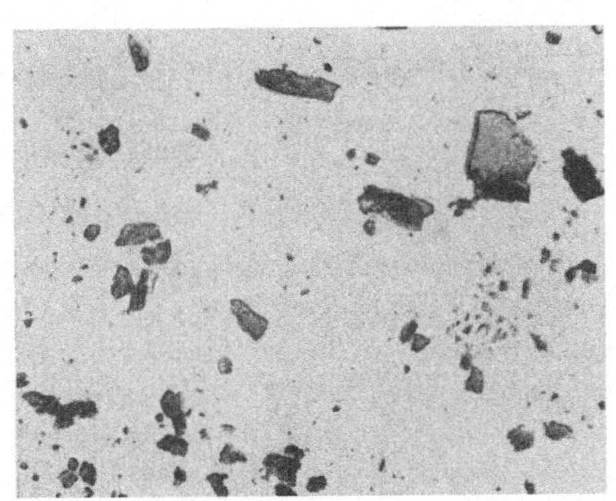

Abb. 63. Nichtmetallische Schlackeneinschlüsse,
250 ×.

Zuweilen findet man im Schliffbild reguläre Kristalle, die einen
glasigen Charakter zeigen. Man könnte vermuten, daß es sich um
Hohlräume handelt, aus denen ein Mangankristall herausgerissen ist,
und die sich nachträglich beim Polieren etwa mit Magnesia usta gefüllt
haben; doch ist einerseits die glasige Beschaffenheit zu eindeutig, anderer-

---

[1] Beck, A.: Magnesium und seine Legierungen, Berlin 1939, S. 45.

seits die formale Erscheinung wieder so anders als die der Mangankristalle, daß mit ziemlicher Sicherheit auf Schlackenbestandteile, etwa

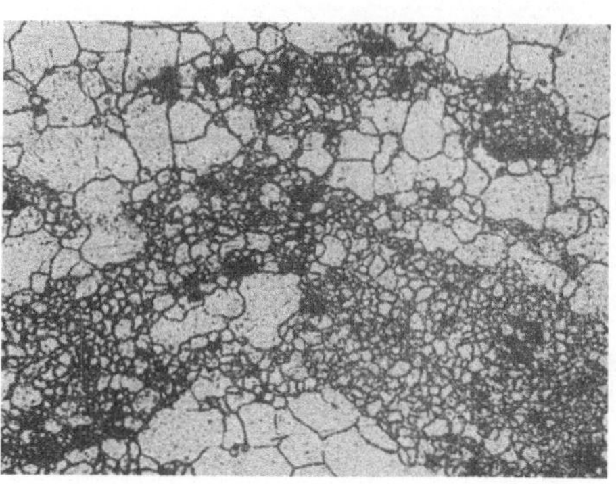

Abb. 64. Feines Korn, verursacht durch verunreinigende Einschlüsse, 150×.

Silikate oder eine der vielen
mineralischen Verbindungen
des Magnesiums, geschlossen
werden kann (Abb. 62). Das
Gleiche gilt von blaßrosa-
farbenen Kristallen, die zuweilen im Wurm von Preß-
werkstoff auftreten und vom
Ätzmittel sehr leicht angegriffen werden. Sie erreichen
zum Teil erhebliche Größe
und enthalten noch weitere
Bestandteile (Abb. 63). In
ihrer Umgebung ist das Korn
sehr fein, wohl weil viel
verunreinigende, das Kornwachstum hemmende Korngrenzensubstanz
vorhanden ist (Abb. 64). Nach erfolgtem Homogenisierungsglühen ist
alles Korn gleichmäßig groß. Vielleicht sind es spinellartige Doppel-
oxyde, etwa, wie die Farbe vermuten läßt, $MgO \cdot MnO$ (Periklas).

IV. Reinmagnesium und aluminiumfreie Legierungen.

A. Reinmagnesium.

1. Technisches Reinmagnesium und Reinstmagnesium.

Technisches Reinmagnesium hat einen Reinheitsgrad von > 99,9%.
Die Verunreinigungen liegen in der Größenordnung von wenigen Hun-
dertsteln bis zu Tausendsteln Prozent und verteilen sich auf die in
nachstehender Tabelle angezeigten Elemente. Diese Beimengungen,
die sich mikroskopisch natürlich nicht mehr unterscheiden lassen, liegen
teils in den Kristallen eingebettet, zum größten Teil aber wohl entlang
den Korngrenzen.

Tabelle 3.

Eisen	0,03 %
Silizium	0,01 %
Mangan	0,01 %
Kalzium	0,01 %
Aluminium	0,005%
Kupfer	0,005%
Natrium	0,005%
Andere Verunreinigungen	0,005—0,025%
Insgesamt	0,080%

Abb. 65 zeigt ein Schliffbild von gegossenem Reinmagnesium mit dem oben angegebenen Reinheitsgrad; man erkennt vier Korngrenzen,

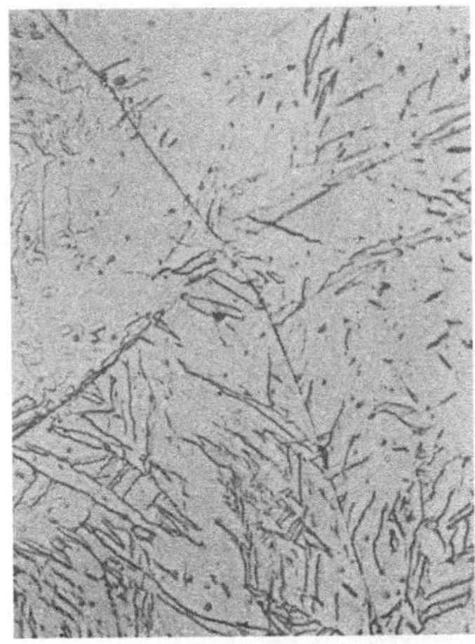

Abb. 65. Technisches Reinmagnesium mit einem Reinheitsgrad von 99,9%, 400×.

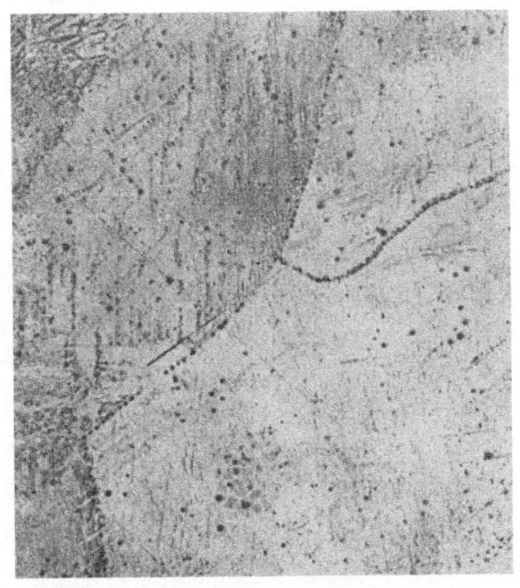

Abb. 66. Reinmagnesium mit Korngrenzenverunreinigungen, jedoch gleichem Reinheitsgrad wie Abb. 65, 200×.

die ziemlich deutlich ausgeprägt sind. Gelegentlich kommen die Verunreinigungen aber auch mehr punktförmig vor, und zwar sowohl auf den Korngrenzen als auch im Kristall selbst, wie Abb. 66 zeigt. Es handelt sich bei diesen Pünktchen immer um Eisen, und zwar trotz der recht geringen Eisenmengen. Die scheinbare Inkongruenz zwischen dem Eisengehalt und dem Schliffbild erklärt sich daraus, daß man metallographisch gar nicht das Eisen selbst, wenigstens nicht bei relativ geringer Vergrößerung, sondern einen Riesenhof um ein winziges Eisenkriställchen herum sieht, der durch Relief-

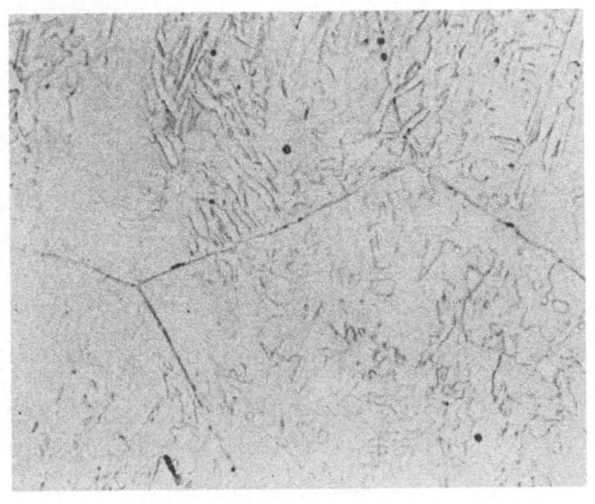

Abb. 67. Reinmagnesium mit einem Reinheitsgrad von 99,99%, 200×.

polieren und Ätzen entstanden ist, und der die Fläche des verursachenden Eisenkristallits um einige Zehnerpotenzen vergrößert.

Wird nun solches technisches Magnesium noch besonderen Reinigungsverfahren, üblicherweise einer oder mehrfacher Destillation unterworfen, so verschwinden die Korngrenzen immer mehr und sind schließlich bei dem sehr hohen Reinheitsgrad von 99,99% nur noch durch sehr langes Ätzen eben sichtbar zu machen (Abb. 67).

2. Rekristallisation im gegossenen Zustand.

Glüht man technisches Reinmagnesium mit dem im ersten Abschnitt angegebenen Reinheitsgrad von über 99,9% unmittelbar nach der

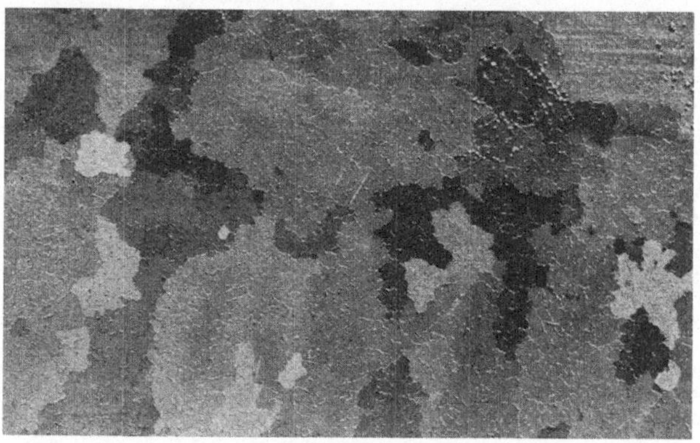

Abb. 68. Gußgefüge von Reinmagnesium, nach der Erstarrung auf Zimmertemperatur abgekühlt, 1,5×.

Abb. 69. Wie Abb. 68, 20 Tage bei 635° im Anschluß an die Erstarrung geglüht. Weit fortgeschrittene Oberflächenrekristallisation, 1,5×.

Erstarrung bei einer Temperatur, die nur 15° unterhalb der Erstarrungstemperatur liegt, längere Zeit, so erhält man eine deutliche Oberflächenrekristallisation, wie ein Vergleich der Abb. 68 und 69 zeigt[1].

---

[1] Bulian, W., u. E. Fahrenhorst: Z. Metallkde. Bd. 34 (1942) S. 116.

Da hierbei Abkühlungsspannungen als Ursache der Rekristallisationserscheinung weitgehend entfallen, muß also die Möglichkeit einer nicht auf Verspannung des Gitters beruhenden unmittelbaren Oberflächenrekristallisation bestehen. Als Voraussetzung für das Zustandekommen dieser Rekristallisationserscheinung war schon bei Versuchen mit Aluminiumreguli von H. Röhrig[1] ein hoher Reinheitsgrad des Metalles gefunden worden, der damit eine geringe Menge an Kornzwischensubstanz garantiert. Weiter wurden für die Versuche lange, bis zu 20 Tagen dauernde Glühzeiten benötigt. Auf diese Weise gelang es, große Einkristalle herzustellen.

3. Basisstreifen.

Die hexagonale Struktur des Magnesiums macht sich in den Schliffbildern des Reinmagnesiums sowie der aluminiumfreien Legierungen meist dadurch bemerkbar, daß eine kristallographische Hauptebene, nämlich die Basis (0001), sich bevorzugt herausätzen läßt. Schon an unangeschliffenen Magnesium-Einkristallen kann man bisweilen auf den Prismenflächen die Basisstreifen erkennen, wie Abb. 70 zeigt. Diese Streifung bei einem gewachsenen Einkristall erinnert sehr stark an die Streifung an unangeschliffenen Kupferkristallen von einer Gußoberfläche, wie sie L. Graf[2] zeigt und als Mosaikkristalle deutet. Es wurden deshalb von einer Prismenfläche eines Magnesium-Einkristalles Aufnahmen bei sehr hoher Vergrößerung gemacht, und es zeigte sich in der Tat,

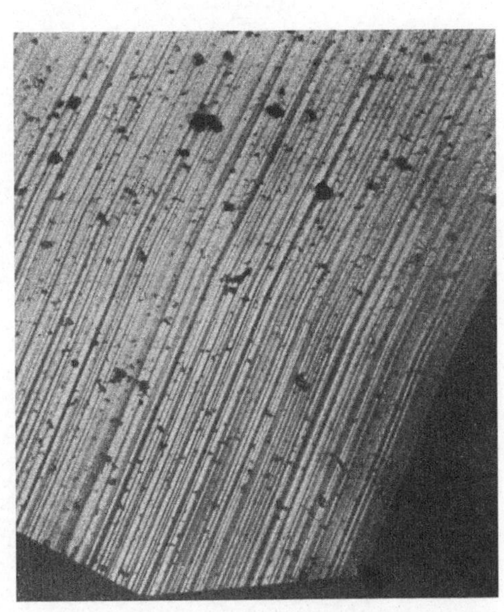

Abb. 70. Prismenflächen eines Magnesium-Einkristalles mit Basisstreifung, 100×.

daß diese Streifung die Fläche bis an die Grenze des mikroskopisch Sichtbaren in parallele Lamellen unterteilt (Abb. 71). Diese Streifen

---

[1] Röhrig, H.: Z. Metallkde. Bd. 27 (1935) S. 175. Über Rekristallisationserscheinungen von aus dem Schmelzfluß gewonnenen Kristallen siehe noch R. Vogel: Z. anorg. allg. Chem. Bd. 26 (1923) S. 1, und F. Sauerwald u. L. Holub: Z. Elektrochem. Bd. 39 (1933) S. 750.

[2] Graf, L.: Z. Elektrochem. Bd. 48 (1942) S. 181 und Z. Phys. Bd. 121 (1943) S. 73.

sind außerdem in Querrichtung gezähnt; sie zeigen somit auch hier ein ähnliches Aussehen, wie es an den von Graf mikroskopisch

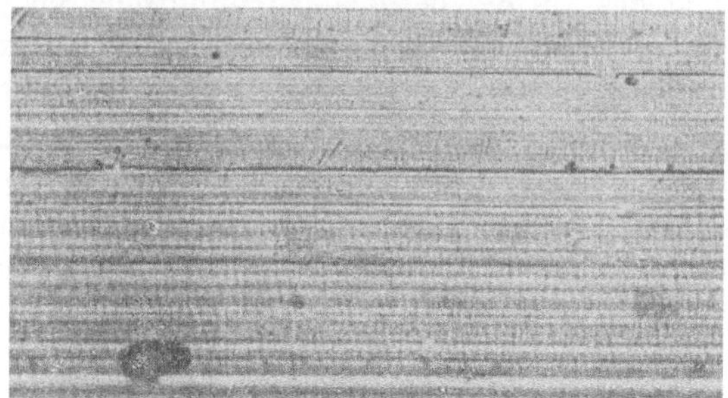

Abb. 71. Wie Abb. 70, stärker vergrößert, 1000 ×.

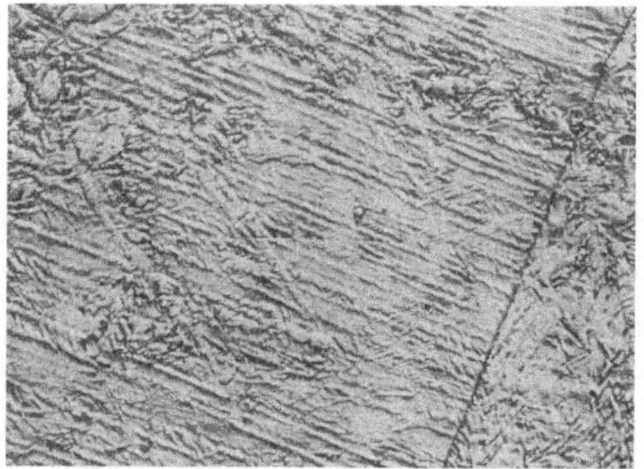

Abb. 72. Basisstreifung im Schliffbild, 400 ×.

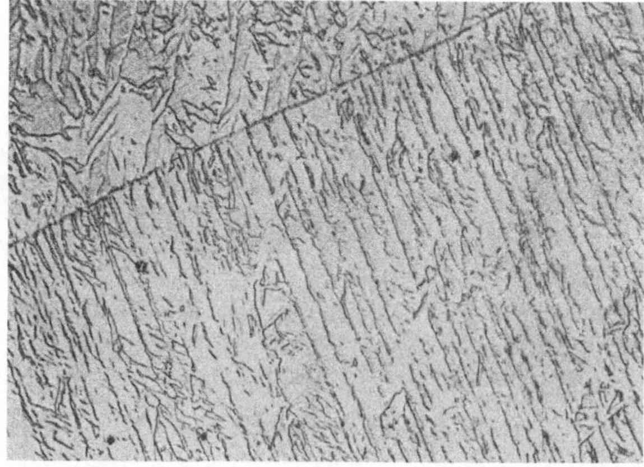

Abb. 73. Wie Abb. 72, 400 ×.

gefundenen Mosaikkristallen zu beobachten ist. Sehr wahrscheinlich handelt es sich deshalb tatsächlich um mikroskopisch sichtbare Mosaikkristalle im Sinne der Darwinschen[1] Auffassung. Interessant ist hierbei, daß sich diese Mosaikstruktur an frei gewachsenen, durch Sublimation entstandenen Magnesium-Einkristallen findet, die also sicher keine Verformung erlitten hatten.

Ebenfalls an sublimierten Magnesiumkristallen zeigt L. Graf[2], daß Magnesium eine lamellare Wachstumsstruktur besitzt, die parallel zur Basis verläuft (siehe a. a. O. Abb. 23 und hier Abb. 71). Die Basisebene selbst besitzt dagegen nach L. Graf keine Struktur.

M. Straumanis[3] fand ebenfalls eine solche Streifung, und zwar an den Pyramidenflächen $\{10\bar{1}1\}$ von sublimierten Magnesiumkristallen; er hält sie aber für reine Gleitlinien, die durch leichte Deformation entstanden seien. Wodurch die Verformung bewirkt wurde, geht aus der angegebenen Arbeit nicht hervor. Auch an anderer Stelle[4] weist er darauf hin, daß die von ihm beobachtete Streifung auf Pyramiden- und Prismenflächen $\{10\bar{1}1\}$ und $\{10\bar{1}0\}$ von einer Deformation der Kristalle herrühre.

Im Schliffbild läßt sich die Basisfläche, wenn sie in einem nicht zu kleinen Winkel zur Schliffoberfläche liegt, gut erkennen (Abb. 72). E. Schiebold und

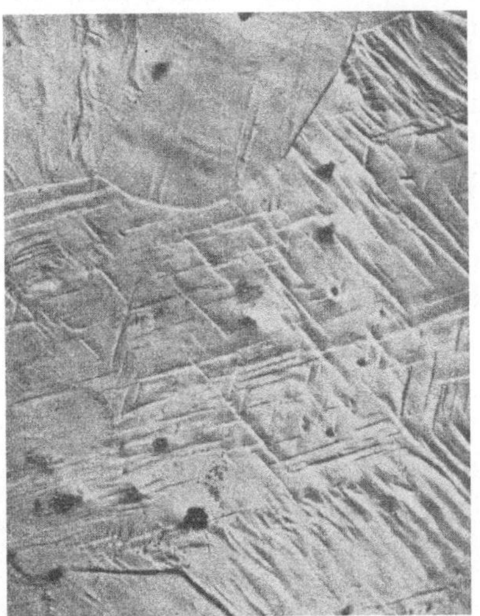

Abb. 74. Zwillinge in Magnesiumguß, 275 ×.

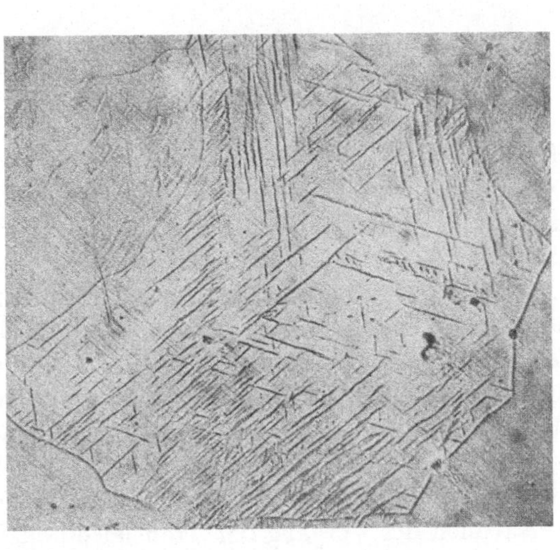

Abb. 75. Zwillinge im Schräglicht an Magnesiumguß, 275 ×.

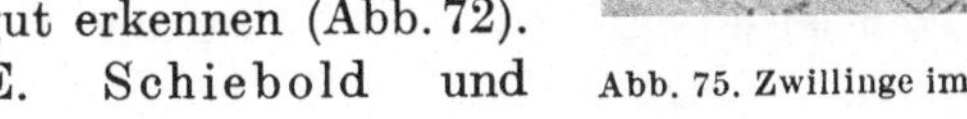

---

[1] Darwin, C. G.: Phil. Mag. Bd. 43 (1922) S. 800.
[2] Siehe Fußnote 2 Seite 43.
[3] Straumanis, M.: Z. Kristallogr. Bd. 89 (1939) S. 487.
[4] Straumanis, M.: Z. phys. Chem. Bd. 26 (1934) S. 246.

G. Siebel[1] fanden, daß die Basisebenen von Magnesium leicht durch Salzlösungen angegriffen werden können. Offenbar geht jede chemische Einwirkung und damit auch die Ätzung von Schliffen bevorzugt entlang der Basisebene, worauf auch das zum Schluß dieses Kapitels gezeigte Bild von Korrosionsstellen hindeutet. Trifft man dagegen im Anschliff einen Magnesiumkristall derart, daß die Basisebene im flachen Winkel zur Schliffebene liegt, dann erhält man eine breitere Streifung (Abb. 73), die bei sehr flach liegenden Basisebenen, wie sie im gleichen Bild der eben noch sichtbare Kristall in der linken oberen Ecke aufweist, als solche fast nicht oder gar nicht mehr erkennbar ist, und die zu unregelmäßigen Ätzfiguren zerfällt.

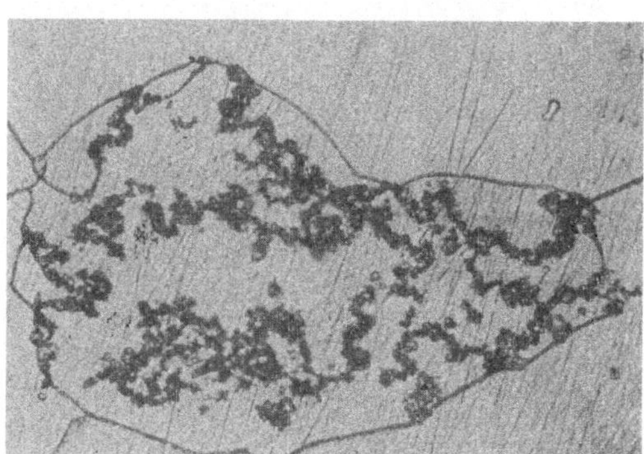

Abb. 76. Oberflächenkorrosion an einem mit der Basis in der Schlifffläche liegenden Korn, 100 ×.

Außer der Basis ergeben natürlich auch die Gleitlamellen und Zwillinge Ätzfiguren. Das in der Kristallstruktur begründete Zustandekommen der Ätzfiguren läßt sich besonders gut an Kristallen beobachten, deren Oberfläche eine Verformungsstruktur aufweist. So findet man häufig im Guß, durch Abschreckspannungen hervorgerufen, einzelne Kristalle mit Ätzfiguren ziemlich regelmäßiger Form, deren einzelne Züge sich unter Winkeln von etwa 60 und 120° schneiden (Abb. 74). Hier handelt es sich wohl um Zwillinge oder Gleitlamellenpakete in der Basisfläche, die mehr oder weniger schräg getroffen sind, und die je nach der Breite verschiedene Ätzfiguren ergeben. Auf der im Schräglicht aufgenommenen Abb. 75 haben sich durch die Abschreckspannung Zwillinge oder Gleitlamellen nach allen sechs Richtungen der Basis gebildet; so kommt auf dem aus der Schlifffläche herausstehenden Kristall ein fast reguläres Sechseck zustande. Diese Ätzfiguren gleichen genau denen, die H. B. Pulsifer[2] an verformtem Reinmagnesium erhalten hat. So bestätigt sich, daß auch im abgeschreckten Guß tatsächlich der Vorgang der Translation oder Zwillingsbildung die Ätzfiguren hervorgerufen hat. Die regelmäßige Gestalt des Sechsecks weist darauf hin, daß der Kristall fast genau mit der Basis in der Schlifffläche

---

[1] Schiebold, E., u. G. Siebel: Z. Phys. Bd. 69 (1931) S. 458.

[2] Pulsifer, H. B.: Amer. Inst. min. metallurg. Engrs. Techn. Publ. Nr. 42 (1927) Abb. 13.

liegt. Das gleiche ist von dem mittleren Kristall auf Abb. 76 zu vermuten, der allein eine ausgeprägte Oberflächenkorrosion aufweist, die, wie oben erwähnt, bevorzugt die Basis erfaßt.

4. Magnesium, warm verformt.

Warmverformtes Reinmagnesium, wie es durch Strangpressen oder Walzen entsteht, bietet mikroskopisch wenig Interessantes; es rekristallisiert leicht mit deutlich ausgeprägten Korngrenzen, die sehr gerade verlaufen und dem Schliffbild das Aussehen von reinem α-Eisen verleihen (Abb. 77). Die Rekristallisationsschaubilder für warm- und kaltverformtes Reinmagnesium sind von Y. Liu und W. Hofmann aufgestellt worden[1].

Eine gewisse technische Bedeutung hat stranggepreßtes Reinmagnesium eine Zeitlang in der Anwendung als Stromschienen erhalten. Außer der geringeren Korrosionsfestigkeit scheint ihre Verwendung keine Nachteile gegenüber der von Aluminiumstromschienen zu besitzen[2,3].

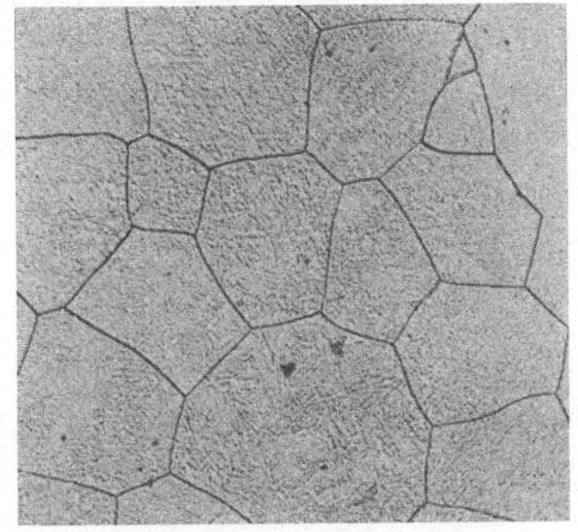

Abb. 77. Stranggepreßtes Reinmagnesium, 200×.

B. Die Magnesium-Mangan-Legierung Mg-Mn.

Die technisch bedeutsamste Magnesiumlegierung unter den aluminiumfreien Legierungen ist die binäre Magnesium-Mangan-Legierung mit 1,4—2,0% Mangan.

Die technische Bedeutung der Legierung Mg-Mn liegt vor allem in ihrer leichten Verarbeitbarkeit, ihrer Korrosionsbeständigkeit und ihrer vorzüglichen Schweißbarkeit. Die Möglichkeit, sie warm leicht zu verarbeiten, macht sie für die schwierigsten Strangpreß- und Schmiedearbeiten geeignet, darüber hinaus läßt sie sich leicht verwalzen und ist mithin, besonders durch ihre Korrosionsbeständigkeit und Schweißbarkeit, die gebräuchlichste Blechlegierung unter den Magnesiumlegierungen. Die Korrosionsbeständigkeit dieser Legierung übertrifft sowohl die des Reinmagnesiums als auch, und zwar erheblich, die der aluminium- und zinkhaltigen Magnesiumlegierungen. Ihre Schweißbarkeit ist als unbegrenzt anzusprechen, es lassen sich beliebig lange Nähte, Profil-

[1] Liu, Y., u. W. Hofmann: Z. Metallkde. Bd. 32 (1940) S. 226.
[2] Stein, W.: Metallwirtsch. Bd. 17 (1938) S. 37.
[3] Bulian, W.: ETZ Bd. 59 (1938) S. 879.

verbindungen usw. auch beim Auftreten hoher Schweißspannungen rißfrei schweißen. Die Legierung bietet mikroskopisch viel Beachtenswertes; sie soll deshalb ausführlich behandelt werden.

5. Die Erscheinungsformen des Mangans.

Das Magnesium-Mangan-Zustandsbild[1—3] besagt, daß das Mangan bis zu 3,4% im Magnesium in feste Lösung geht. Die Löslichkeit nimmt aber mit fallender Temperatur stark ab und erreicht schon bei 200° praktisch 0%.

Da bei einem durchschnittlichen Gehalt von 1,8% Mangan die Temperatur der beginnenden Löslichkeit für das Mangan bei 570° liegt,

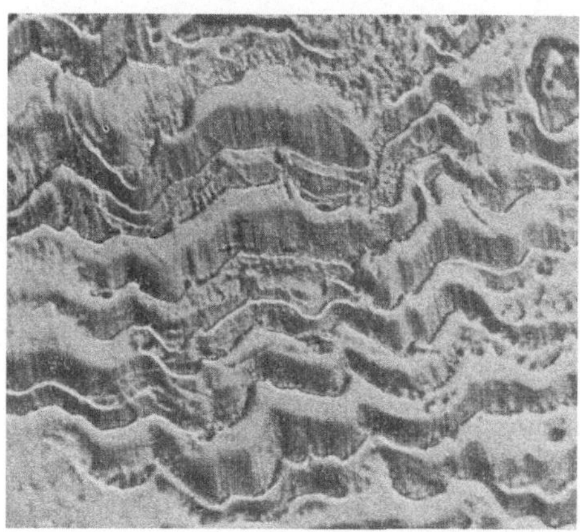

Abb. 78. Ausgeschiedenes Mangan in lamellarer Anordnung, 900×.

Abb. 79. Flach angeschliffene lamellenförmige Ausscheidungen von Mangan, 900×.

ist praktisch das Mangan in dieser Legierung fast immer ausgeschieden, zumal wenn es sich um warmverformten Werkstoff handelt. Die Warmverformung, also das Pressen, Walzen oder Schmieden, wird immer bei Temperaturen bei und unter 400° — also im heterogenen Bereich des Zustandsbildes — vorgenommen. Trotzdem sieht man oft im Schliffbild kaum Mangan, da es sich äußerst fein, oft submikroskopisch ausscheidet. Bei langsam abgekühlten Schmelzen tritt es jedoch in lamellarer Anordnung auf und läßt sich dann sehr schön herauspolieren, wie Abb. 78 zeigt. Trifft man die Lamellen sehr flach, so ergibt sich das Aussehen von Abb. 79. Die Form der Lamellen, wie sie besonders die erste Abbildung zeigt, erklärt sich daraus, daß die Ausscheidungs-

[1] Hansen, M.: Zweistofflegierungen, Berlin 1936, S. 858.

[2] Schmid, E.: Z. Elektrochem. Bd. 37 (1931) S. 457.

[3] Grogan, J. D., u. J. L. Haugthon: J. Inst. Met. Bd. 69 (1943) S. 241.

ebenen unter ganz flachem Winkel zur Schnittebene liegen. Durch das Polieren sowie das nicht ganz gleichmäßig einsetzende Abätzen ergibt sich der wellenförmige Rand der einzelnen Lamellen. Trifft man

Abb. 80. Steil angeschliffene lamellenförmige Ausscheidungen von Mangan, 900×.

die Ausscheidungsebenen dagegen unter steilem Winkel, so zeigt sich das Gefügeaussehen der Abb. 80. Wie ein Vergleich mit Abb. 72 ergibt, liegen die Manganausscheidungen auf den Basisebenen des Magnesium-

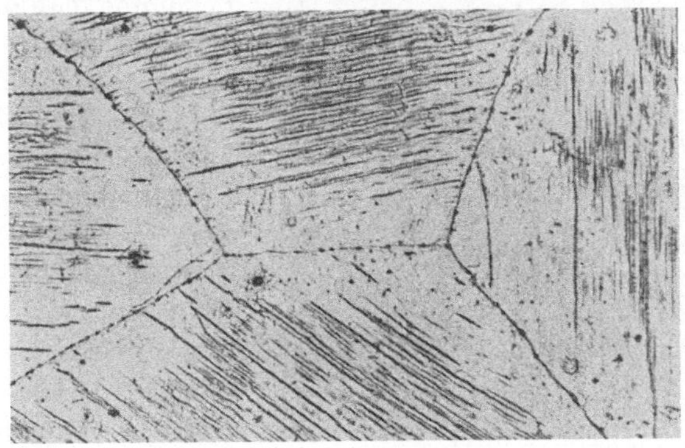

Abb. 81. Streifenförmige Manganausscheidungen nach der Basis, 175×.

kristalls. Die Abb. 81—83 zeigen weiter besonders charakteristisch ausgeschiedenes Mangan, das ebenfalls in jedem Kristall die Basisebenen als Ausscheidungsebenen bevorzugt hat. Nach den Beobachtungen von E. Schiebold und G. Siebel[1], die beim Ätzen von Magnesiumkristallen

---

[1] Schiebold, E., u. G. Siebel: Z. Phys. Bd. 69 (1931) S. 458.

eine parallele Streifung senkrecht zu den Prismenflächen erster Art
{10$\bar{1}$0} fanden, kann angenommen werden, daß außer der bevorzugten
Basisebene infolge des dendritischen
Wachstums auch noch andere Ebe-
nen, möglicherweise Prismen- und
Pyramidenflächen zweiter Art, als
Ausscheidungsebenen vorkommen.
Ihre Bedeutung tritt aber sicher
gegenüber der der Basisebene zurück.

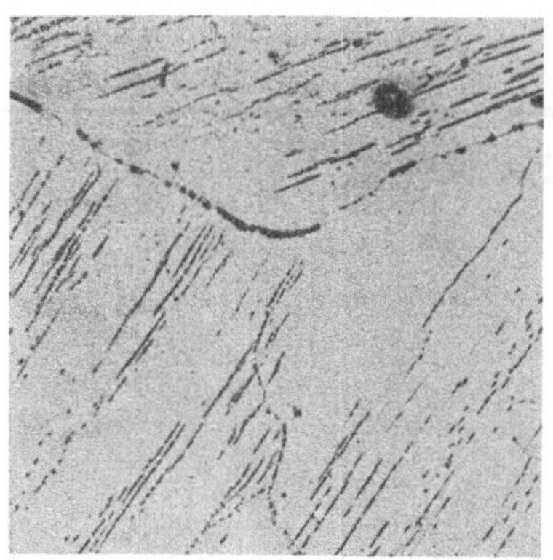

Abb. 82. Manganausscheidungen, 400 ×.

Bei der Erstarrung der Schmelze
erhält man auch oft Primärkristalle
von Mangan, wie bereits früher auf
S. 16 gesagt wurde. Diese zeigen
in ihrer näheren Umgebung bisweilen eine Anreicherung von wieder ausgeschiedenen Mangankriställ-
chen, die sich mitunter ebenfalls
zeilenförmig zusammenfinden. Mi-
krohärteeindrücke in der Nähe von Manganprimärkristallen lassen
erkennen, daß im Gebiet des übersättigten und wieder zerfallenen
Magnesium-Mangan-Mischkristalles in der Nähe der Manganprimärkri-
stalle gegenüber der manganfreien Zone eine größere Härte besteht.

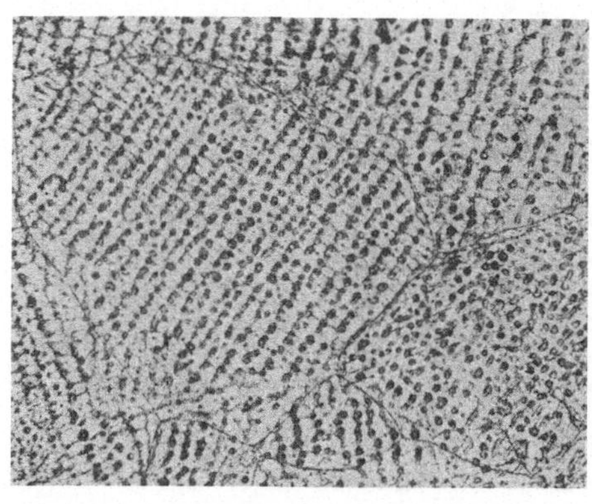

Abb. 83. Wabenförmige Manganseigerungen, 75 ×.

Bei längerem Anlassen
bekommt man dagegen auch
Manganausscheidungen, die
in ihrer Anordnung zueinander keine kristallographische
Richtung des Magnesiumkristalls mehr bevorzugen, sondern in diesem regellos eingelagert sind. Beispiele dafür
bringen die Abb. 84 bis 87.
Die auf fast allen Abbil-
dungen, besonders aber in
Abb. 87 erkennbare Korn-
grenzenseigerung tritt natürlich am gekneteten Material

nicht auf, die Warmverformung hat die Inhomogenität der Mangan-
konzentration in den einzelnen Körnern vielmehr völlig aufgehoben.
Eine weitere Inhomogenität in Bezug auf die Anordnung der Man-
ganausscheidungen erkennt man an Abb. 84. Hier hat sich das
Mangan bevorzugt an den Grenzen von Zwillingen, von deren,
Entstehung im einzelnen noch weiter unten die Rede sein wird ab-

geschieden. Die Zwillingsgrenzen als Flächen besonders hoher Gitter-
störung begünstigen ähnlich wie die Korngrenzen und die Basisebenen

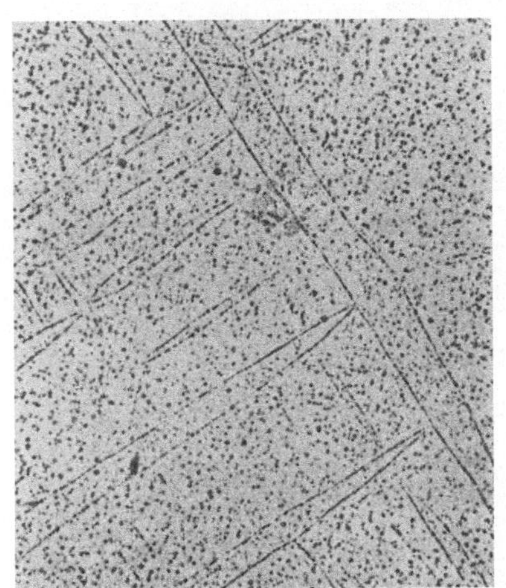

Abb. 84. Regellos angeordnete Manganausscheidungen, hervorgerufen durch eine Heterogenisierungsglühung von 20 Stunden bei
500°, 150×.

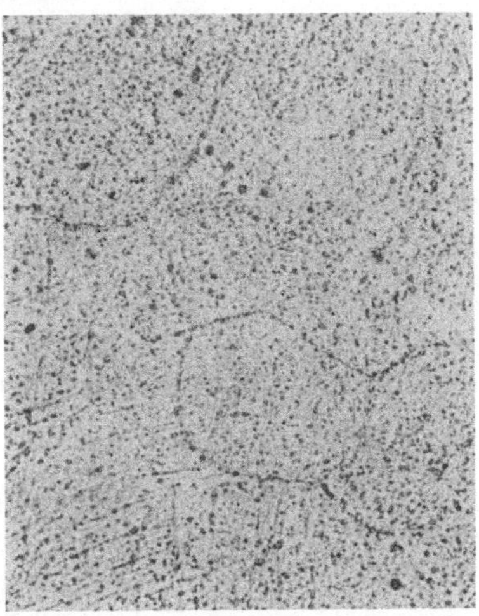

Abb. 85. Manganausscheidungen, hervorgerufen durch Heterogenisierungsglühung
bei 400°, 800×.

die Manganausscheidung. Bei jenen ist die Begünstigung der Entmischung so ausgeprägt, daß es in ihrer unmittelbaren Umgebung zu

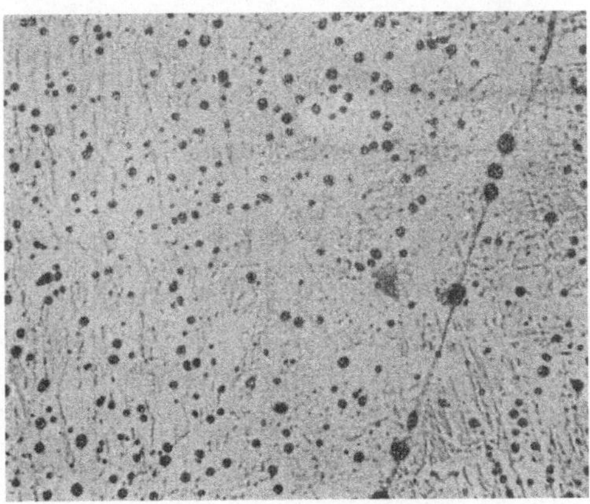

Abb. 86. Wie Abb. 85, aber 6 Stunden bei 500° geglüht, 650×.

einer ausgesprochenen Manganverarmung kommt. Die Manganausscheidungen auf den Korngrenzen selbst sind dann ein Vielfaches größer als
die in den Kristallen, wie man besonders an den Abb. 86 und 87 sieht.

4*

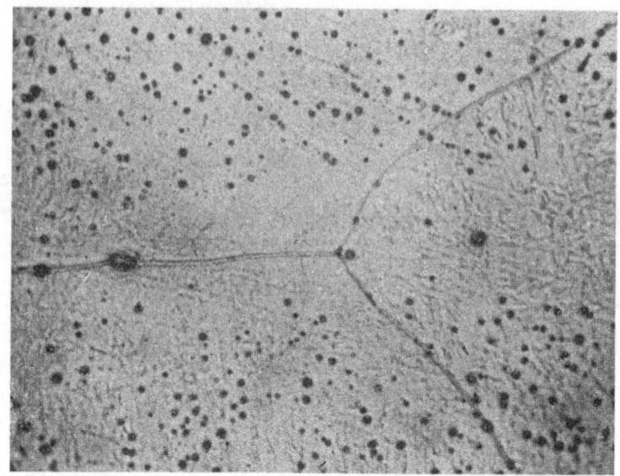

Abb. 87. Wie Abb. 86, aber 20 Stunden bei 500° geglüht, 650×.

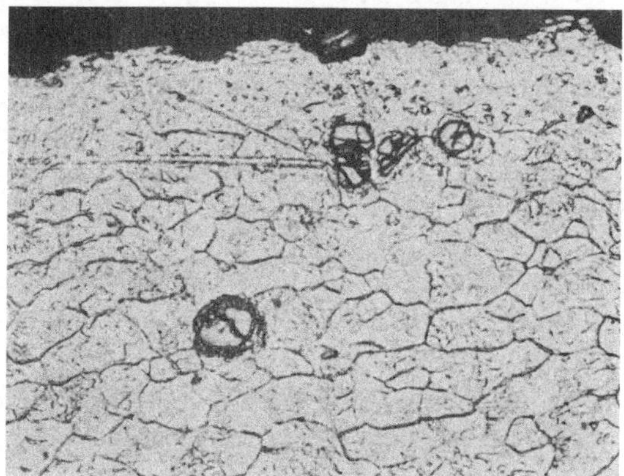

Abb. 88. Primäres Mangan in Blech, 650×.

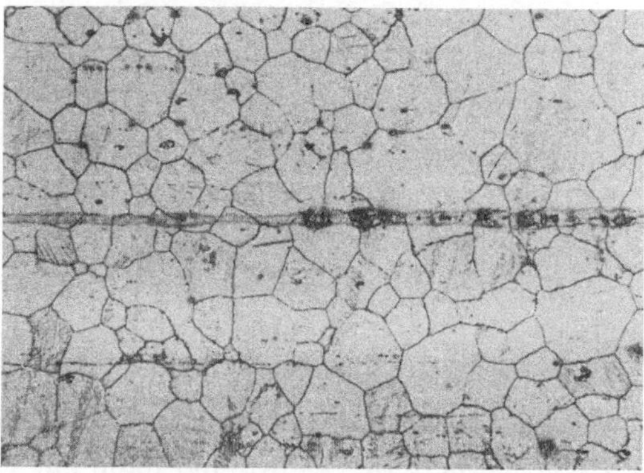

Abb. 89. Manganzeile, 160×.

Schließlich sei noch ein Beispiel für primäres Mangan gebracht (Abb. 88). Man sieht, daß das spröde Mangan in dem weichen Grundmetall selbst bei einer so erheblichen Verformung, wie sie das Walzen darstellt, nur wenig zertrümmert wurde. Meist bleiben sogar, wie auf der Abbildung an einem Beispiel zu sehen ist, die ganzen Kristalle erhalten.

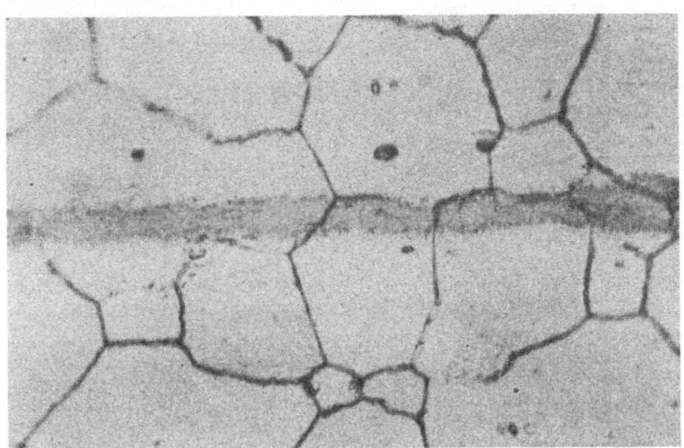

Abb. 90. Wie Abb. 89, stärker vergrößert, 600×.

Die Abb. 89 und 90 zeigen eine Zeile von Manganprimärkristallen, die sich auch außerhalb der Mangankristalle zeilenförmig durch die dunklere Ätzung hervorhebt. Hier muß das ganze Gebiet, noch vom flüssigen Zustand herrührend, einen sehr hohen Mangangehalt besitzen, der sich dann wieder hochdispers ausschied und die dunkle Zeile erzeugte.

6. Makro- und Mikrokorngrenzen, Dendrite.

Eine merkwürdige Erscheinung zeigen die Abb. 91—93. Man erkennt hier eine nur bei der Magnesium-Mangan-Legierung, und zwar im Gußzustand auftretende Unterteilung der Körner durch eine zweite Art von Korngrenzen. Diese Korngrenzen sind ebenfalls dicht mit ausgeschiedenem Mangan besetzt (Abb. 91). Sie unterteilen die makroskopisch sichtbaren, oft zentimetergroßen Kristalle in mikroskopisch kleine; manchmal sind aber auch diese noch makroskopisch erkennbar. Wie man an Abb. 92 erkennen kann, unterteilen diese Mikrokorngrenzen den ursprünglich einheitlichen Kristall, ohne sich von dessen Struktur beeinflussen zu lassen. Während die zwei auf dem Bild erkennbaren und durch die quer laufende „Makrokorngrenze" geschiedenen Kristalle eine verschiedene Kristallorientierung haben, wie man an den mit Mangan besetzten Basisstreifen erkennen kann, trennen die von der Makrokorngrenze ausgehenden „Mikrokorngrenzen" den unteren Kristall in mehrere kleinere mit einer unter sich gleichen Orientierung. Die Mikrokorngrenzen müssen demnach erst nach der Erstarrung entstanden sein und legen somit die Vermutung nahe, daß es sich um eine Rekristallisation bei der

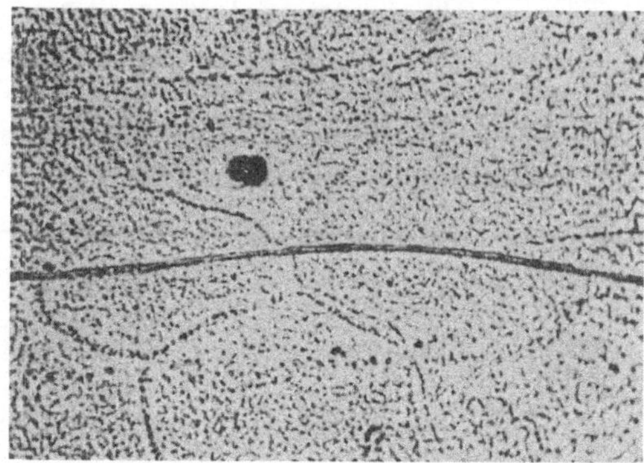

Abb. 91. Mikrokorngrenzen, dicht mit Manganausscheidungen besetzt; in der Mitte eine Makrokorngrenze, 600×.

Abb. 92. Mikrokorngrenzen aus langsam gekühltem Guß, 100×.

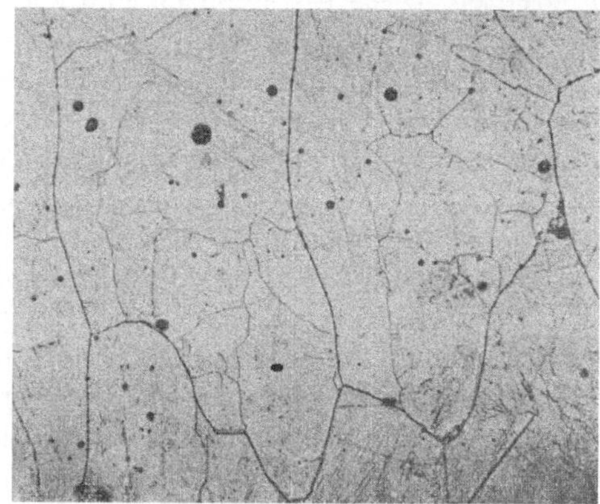

Abb. 93. Makro- und Mikrokorngrenzen, 100×.

Abkühlung, hervorgerufen durch Schrumpfspannung, handelt. Da diese Erscheinung weiterhin besonders deutlich in dicken Schweißnähten auf-

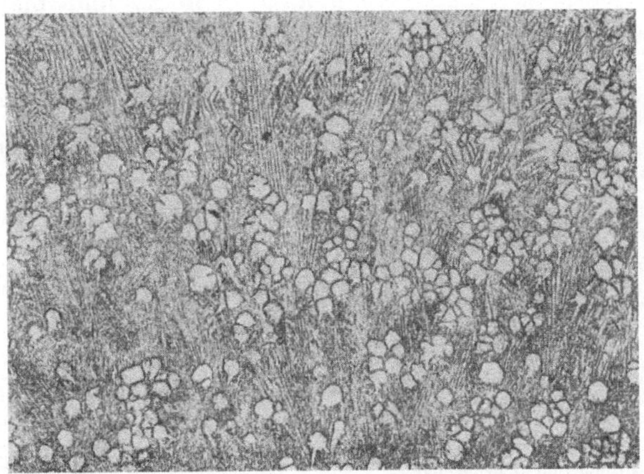

Abb. 94. Magnesiumdendrite in rasch erstarrtem Mg-Mn-Guß, 10×.

tritt, scheint diese Vermutung, zumal solche besonders rasch erstarren und dazu mit erheblichen Schweißspannungen behaftet sind, zunächst mit einem hohen Grad von Wahrscheinlichkeit zuzutreffen. Dem steht

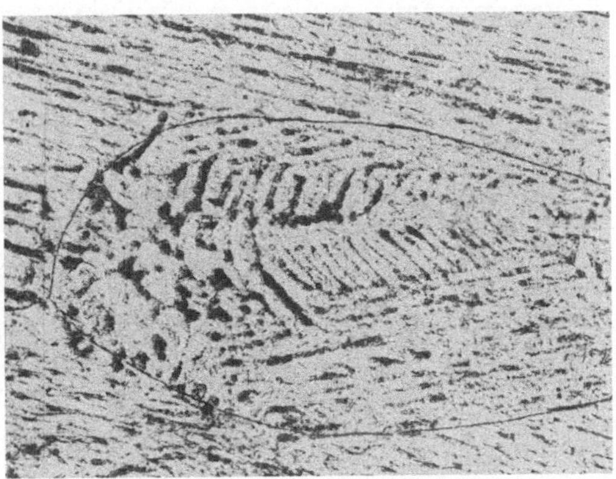

Abb. 95. Manganausscheidungen zwischen Magnesiumdendriten, 100×.

aber entgegen, daß, wie Abb. 92 zeigt, auch sehr langsam gekühlter Guß, der also sicher nur sehr geringe innere Spannungen nach der Erstarrung besaß, deutlich die gleiche Erscheinung zeigt. Möglicherweise handelt es sich vielmehr um Ausscheidung von Mangan in Korngrenzenart, ähnlich wie sie E. Schulz und G. Wassermann[1] bei der Untersuchung von Ausscheidungsvorgängen an Aluminium-Zink-Magnesium-Legierungen gefunden und mit teilweise äußerst ähnlichen Abbildungen (besonders

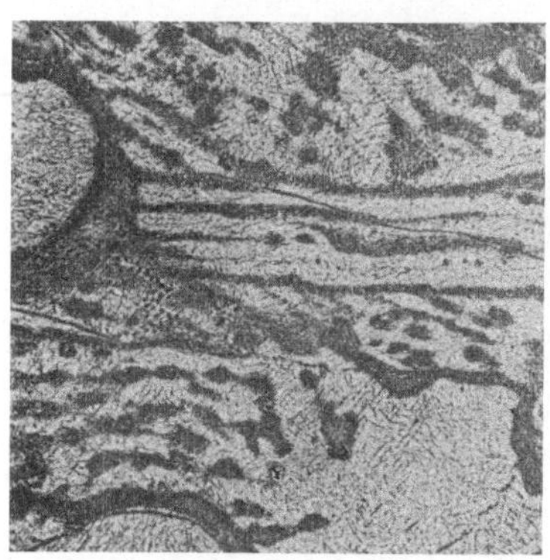

Abb. 96. Wie Abb. 95, der Korngrenzenverlauf ist unabhängig von der dendritischen Struktur, 100 ×.

a. a. O. Abb. 22 und hier Abb. 93) belegt haben. Der Vollständigkeit halber, wenn auch mit einem geringen Grad von Wahrscheinlichkeit behaftet, sei noch eine Deutung der gleichen Erscheinung wiedergegeben, die L. Northcott[2] an Versuchen mit Reinmagnesiumschmelzen gefunden hat. Er erklärt die korngrenzenartige Unterteilung der Kristalle, die bei seinen Untersuchungen teilweise im Aussehen genau mit der hier beschriebenen übereinstimmt (a. a. O. Tafel 10, Fig. 2, und wieder Abb. 93), durch netzartige Ausscheidungen von Oxyd aus dem festen Zustand, das vorher in geringer Menge gelöst gewesen sein soll. An eigenen Versuchen, die in dieser Richtung mit Reinmagnesiumschmelzen angestellt wurden, konnte die Erscheinung nicht beobachtet werden; wir erhielten vielmehr in einem normalen Gußgefüge Einschlüsse von

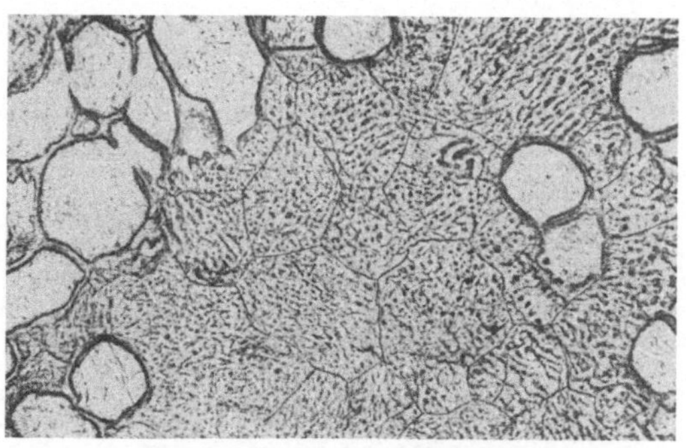

Abb. 97. Wie Abb. 96, 70 ×.

sehr feinkörnigem Magnesiumoxyd, die teils im Magnesiumkorn, teils auf den Korngrenzen regellos verteilt waren, und die etwa das gleiche Aussehen hatten wie die Manganausscheidungen in Abb. 87.

Eine andere bedeutsame Erscheinung kann man noch bisweilen am

[1] Schulz, E., u. G. Wassermann: Z. Metallkde. Bd. 32 (1940) S. 415.
[2] Northcott, L.: J. Inst. Met. Bd. 59 (1936) S. 226.

Magnesium-Mangan-Gußgefüge feststellen, wenn der Guß sehr schnell erstarrt ist. Man erkennt dann deutlich, meist bereits makroskopisch, dendritische Ausscheidungen, die im mikroskopischen Bild wie in den Abb. 94—97 erscheinen. Das Auftreten dieser Magnesium-dendrite scheint an eine hohe Erstarrungsgeschwindigkeit gebunden zu sein. An langsam erstarrtem Guß wurden sie von uns nie beobachtet. Zwischen langen Dendriten, die als Stengelkristalle zur Mitte wachsen (Abb. 94), sind rundliche, zum Teil ebenfalls schon dendritisch ausgebildete Kristalle eingelagert, deren hexagonale Achse mehr oder weniger senkrecht zur Schnittebene liegen muß. Das Mangan ist ebenfalls in dendri-

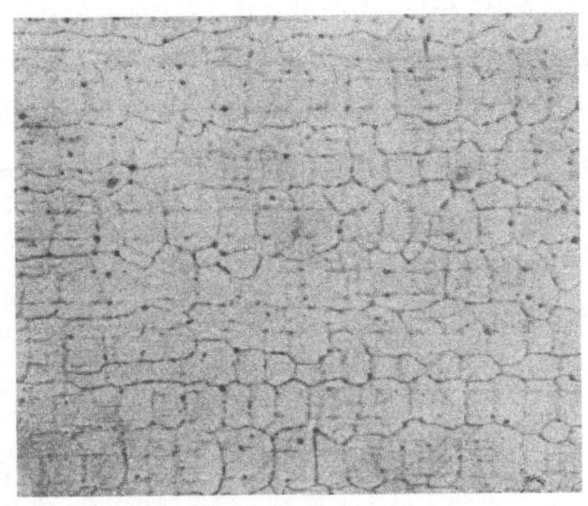

Abb. 98. Schliffbild eines großen Einkristalles, 50 ×.

tischer Form, also zwischen den Verzweigungen der primären Magnesium-kristalle, abgeschieden (Abb. 95 und 96)[1], teils auch wabenartig durch den ganzen Magnesiumkristall verteilt, wie es bei ebenfalls rasch er-

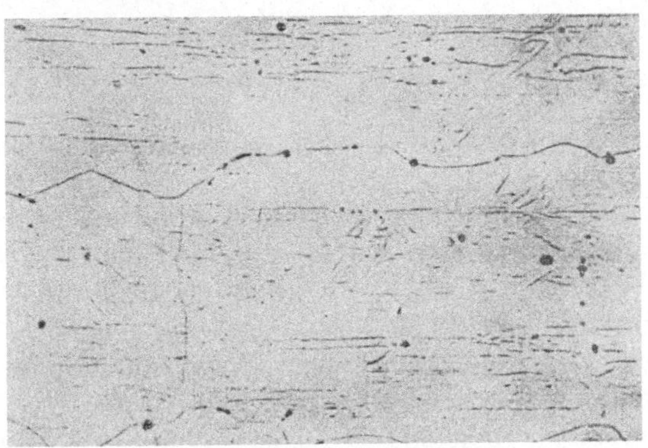

Abb. 99. Wie Abb. 98, stärker vergrößert, 250 ×.

starrten Schweißnähten zu beobachten ist (Abb. 117 und 118). Diese Kornseigerung zeigt die Inhomogenität des rasch erstarrten Mischkristalls an. Die endgültigen Korngrenzen haben sich offenbar erst ganz zum Schluß, unmittelbar vor der Erstarrung und unter Kornzerfall

---

[1] Die gleiche Beobachtung machten E. Schiebold u. G. Siebel: Z. Phys. Bd. 69 (1931) S. 466.

der primären Kristalle ausgebildet; denn sie verlaufen ohne Rücksicht
auf die Struktur der primären Kristalle beliebig durch diese hindurch,
wie man besonders an Abb. 91 erkennen kann. Das entstandene Korn
ist dabei von recht einheitlicher Größe (Abb. 97).

Abb. 98 zeigt noch ein Schliffbild durch einen Riesenkristall von
einigen Zentimetern Größe, der ebenfalls sehr gleichmäßig unterteilt
ist. Auch hier wird es sich um eine dendritische Gefügeanordnung

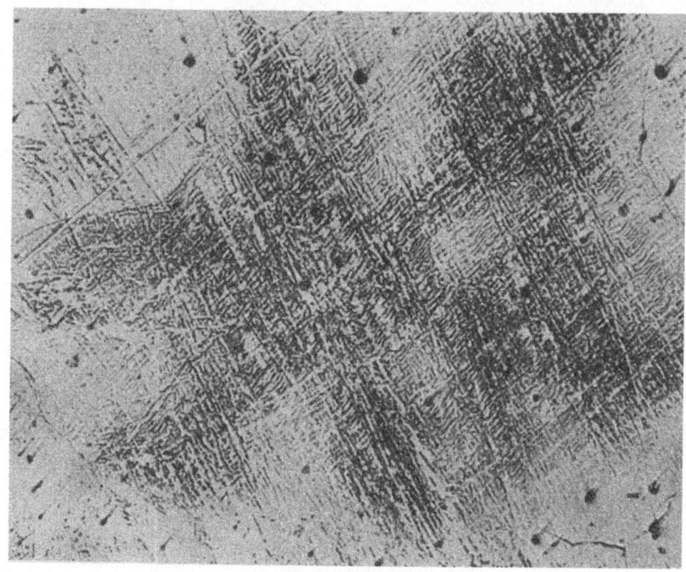

Abb. 100. Primärdendrit, durch Anlassen sichtbar gemacht, 250 ×.

handeln. Die gleiche parallele Anordnung der Manganausscheidungen
in den einzelnen, durch die Mikrokorngrenzen unterteilten Gebieten
der Abb. 99 beweist, daß es sich dabei um einen Mikrokristall einheitlicher Orientierung handelt.

Der seltene Fall eines durch eine Warmbehandlung sichtbar gemachten Magnesiumdendrits gibt Abb. 100 wieder. Es handelt sich
allerdings hierbei um eine Mg-Al-Legierung mit 4% Aluminium, die
deshalb auch das Ausscheidungsgefüge ermöglichte; doch sei der Fall
bereits hier gezeigt, da im allgemeinen Dendrite in aluminiumhaltigen
Legierungen selten sind.

7. Zwillingsbildung im Guß.

Auf den Einfluß von Schrumpfspannungen beim Erstarren der
Schmelze ist sicher das Auftreten von Zwillingen im Guß von Magnesium-
Mangan zurückzuführen. Die Zwillingsbildung ist beim Magnesium

relativ selten, doch scheinen bei der Erstarrung und Abkühlung von Guß der Magnesium-Mangan-Legierung Verhältnisse aufzutreten, die die Zwillingsbildung begünstigen. Die Abb. 101—103 zeigen solche Zwillinge, die sich teilweise sogar kreuzen. Abb. 101 zeigt sich kreuzende Zwillinge in Guß, die aber durch Quetschen der Gußprobe nachträglich entstanden und daher ungewöhnlich dick ausgefallen sind. Ebenso zeigt Abb. 104 Zwillinge aus einem besonders grobkörnigen Zerreißstab der Magnesium-Mangan-Legierung.

Bemerkenswert ist, daß sich die Zwillinge über die Korngrenzen hinweg in den Nachbarkristall hinein fortsetzen (Abb. 102). Auf diese

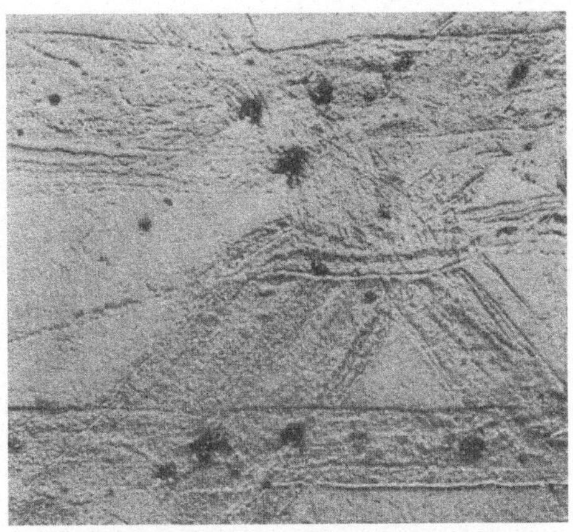

Abb. 101. Zwillingsbildung in Mg-Mn-Guß, durch nachträgliches Quetschen erzeugt, 400×.

Erscheinung wurde bereits von E. Schmid und W. Boas[1] hingewiesen; sie fanden dasselbe Verhalten an Deformationszwillingen im Zinkblech.

Sehr ausgeprägte Zwillingsbildung mit besonders häufig sich kreuzenden Zwillingen findet man in der Schweißnaht von Schweißschliffen.

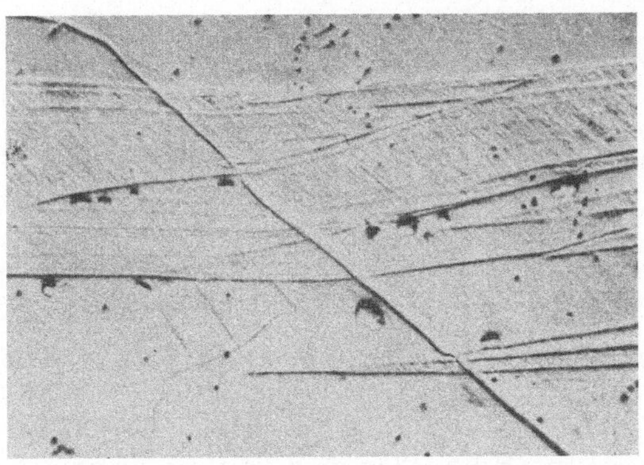

Abb. 102. Zwillinge, über die Korngrenzen hinauslaufend. Aus einer Schweißnaht, 900×.

Die starken Schweißspannungen, die besonders bei langen Schweißnähten auftreten und leicht die Größenordnung der Streckgrenze erreichen, scheinen sich hier bevorzugt durch Zwillingsbildung abzubauen.

---

[1] Schmid, E., u. W. Boas: Kristallplastizität, Berlin 1935, S. 317.

Ein besonders bemerkenswertes Beispiel dafür bietet Abb. 103. Hier haben sich ebenfalls Zwillinge gekreuzt, wobei vermutlich die schmalen Zwillinge zuerst entstanden sind. Der später entstandene breite Zwillings-

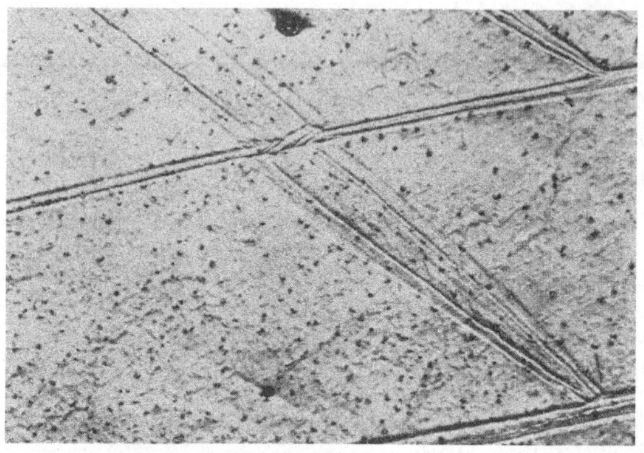

Abb. 103. Zwillinge aus einer Schweißnaht von Mg-Mn, 175 ×;

kristall wurde durch den ursprünglichen unterbrochen, brachte diesen darauf zum nochmaligen Umklappen und bildete sich dann etwas versetzt weiter aus. Über weitere Erscheinungen dieser Zwillingsbildung sowie über die theoretischen Fragen wird in Kapitel V, § 9, zu berichten sein.

8. Warmverformung und Rekristallisation.

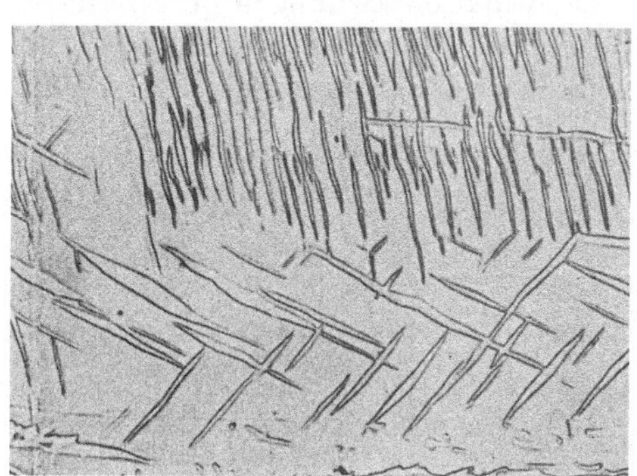

Abb. 104. Zwillinge aus einem Zerreißstab, 400 ×.

Die bisher gebrachten mikroskopischen Bilder beschränkten sich im wesentlichen auf die Beschreibung von gegossenem Werkstoff, die weiteren Darstellungen und Erklärungen seien nun der warmverformten, gekneteten und gewalzten Legierung gewidmet; sie sollen in der Reihenfolge: Strangpressen, Schmieden und Walzen gebracht werden. Das Strangpressen ist insofern für die Legierung Mg-Mn ein besonders heftiger Eingriff in das mikroskopische Gefüge, als das Korn dabei äußerst stark verkleinert wird. Die gegossene Legierung hat beispielsweise am Rundbarren von 180 mm Durchmesser eine Korngröße, die, da sie sehr zu Stengelkristallisation neigt, bis zu mehreren Zentimetern in der Länge und 1 cm in der Dicke betragen kann (siehe Abb. 243).

Wird ein solcher Rundbolzen auf der Strangpresse mit einem mittleren Verpressungsgrad von 1:24 zu einer Rundstange von 40 mm Durchmesser verpreßt, so erhält man ein Material mit einem durchschnittlichen Korndurchmesser von $^1/_{10}$ mm; der Strangpreßvorgang bewirkte also eine volumenmäßige Kornverfeinerung in der Größenordnung von $1:10^6$ (Abb. 105).

Man kann den Einfluß des Strangpressens auf das Gefüge beliebiger Legierungen des Magnesiums bequem im Laboratorium untersuchen, wenn man sich dabei einer kleinen Laborstrangpresse bedient, wie sie in [1] beschrieben wurde.

Die Korngröße ist gerade bei dieser Legierung sehr stark abhängig vom Verformungsgrad; so zeigt Abb. 106 einen Querschliff durch eine

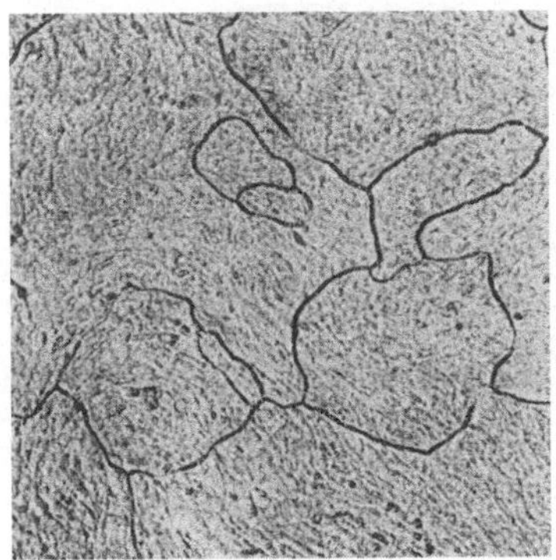

Abb. 105. Gefüge einer Rundstange von 40 mm Dmr., Querschliff, 200×.

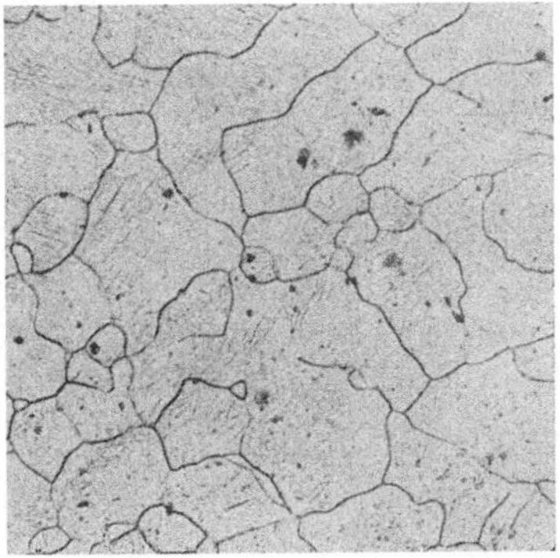

Abb. 106. Gefüge einer Preßstange von 7 mm Dmr., Querschliff, 200×.

7 mm dicke Stange, der Korndurchmesser ist gegenüber dem von Abb. 105 durchschnittlich nochmals 4- bis 5fach kleiner, so daß das obengenannte Verhältnis sich für diesen Verpressungsgrad um weitere zwei Zehnerpotenzen vergrößert. Zusammen mit fallender Korngröße steigen natürlich die Festigkeitswerte bedeutend an.

Die mögliche Kornverfeinerung kann nun bei Mg-Mn durch Warmverformung noch sehr viel weiter getrieben werden; sie geht bei Blechen, wie weiter unten gezeigt wird, so weit, daß die Korngröße von gleich stark abgewalzten Blechen unterhalb einer gewissen Blechdicke, also oberhalb eines gewissen Verformungsgrades, die der vom Guß aus bedeutend feinkörnigeren aluminiumhaltigen Magnesiumlegierung Mg-Al 6 deutlich unterschreitet. Bei extrem starker Warmverformung erreicht man ein kleinstes, einwandfrei rekristallisiertes Korn von etwa 3—5 μ Durchmesser, womit die unterste Grenze der Korngröße erreicht zu sein

[1] Bulian, W., u. E. Fahrenhorst: Metallwirtsch. Bd. 23 (1944) S. 249.

scheint. Abb. 107 zeigt dafür ein besonderes Beispiel. Hier hatten sich Teile der Oberfläche eines Strangpreßprofils, verursacht durch starke Reibung in einer Matrize mit ungünstiger Formgebung, abgelöst. Die abgelösten Stellen, die in der Matrize also besonders „gequält" worden sind, besitzen ein Korn in der Größe des oben angegebenen kleinstmöglichen Durchmessers.

Die Abb. 105 und 106 zeigen, daß die Legierung beim Strangpressen mit einer ziemlich einheitlichen Korngröße rekristallisiert. Es treten jedoch gelegentlich auch andere Gefüge auf, die eine nur teilweise Rekristallisation aufweisen. Abb. 108 zeigt im Längsschliff ein zeilig auftretendes, in der Größe stark unterschiedliches Korn. Im Querschliff sieht man zusammenhängende rekristallisierte Inseln. Die Zonen

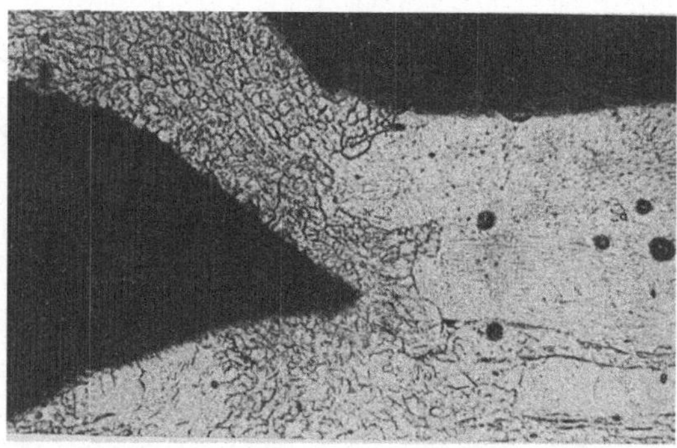

Abb. 107. Blase von der Oberfläche einer Preßstange mit besonders feinem Korn, 450 ×.

des sehr fein rekristallisierten Kornes brauchen aber durchaus nicht in Längsrichtung immer parallel zu liegen, sondern man erhält oft auch Gefüge, in denen sie den Richtungen stärkster Schubspannung folgen. Diese unterschiedliche Rekristallisation am selben Stück wird meist verursacht durch einen zu niedrigen Verformungsgrad. Ausgangsstellen der Rekristallisation während der Warmverformung sind dabei offensichtlich die Korngrenzen des primären Gefüges, also des Gußgefüges. A. E. van Arkel und M. G. van Bruggen[1] stellten an Aluminium fest, daß die Korngrenzenzonen wegen des Zusammentreffens verschieden orientierter Kristalle an den Korngrenzen bei Deformation besonders starken Verformungen ausgesetzt sind, die zu einer erhöhten Keimzahl und damit zu bevorzugter Rekristallisation führen. Die Korngrenzen des Gusses sind als Grenzen stark verschieden orientierter Kristalle bei Verformung, vor allem bei geringem Verpressungsgrad, zunächst einmal die alleinigen Zonen von Keimbildung und Rekristallisation, und so erhält man dann Gefügeerscheinungen wie in Abb. 108.

[1] Arkel, E. A. van, u. M. G. van Bruggen: Z. Phys. Bd. 42 (1927) S. 795.

Bei höherem Verformungsgrad findet dagegen immer eine gleichmäßige Durchknetung des gesamten Materials und damit über den Querschnitt gleichmäßige Rekristallisation statt. Bei sehr niedriger

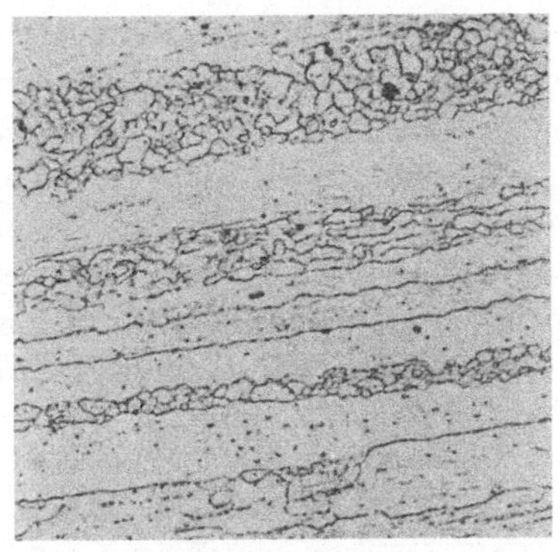

Abb. 108. Zeilige Rekristallisation in der Längsrichtung einer Preßstange, 200 ×.

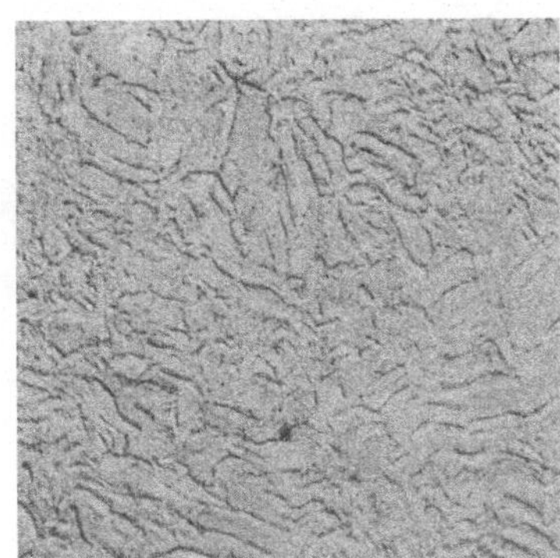

Abb. 109. Preßstange, bei zu niedriger Temperatur verformt, keine Rekristallisation, 400 ×.

Verformungstemperatur tritt dagegen überhaupt keine Bearbeitungsrekristallisation auf und man erhält ein fast korngrenzenfreies Schliffbild (Abb. 109) mit reiner Verformungstextur der Primärkristalle, deren Korngrenzen aber völlig verschwunden sind.

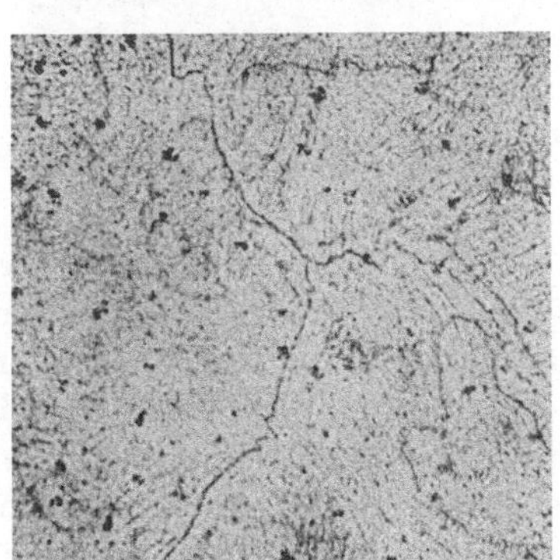

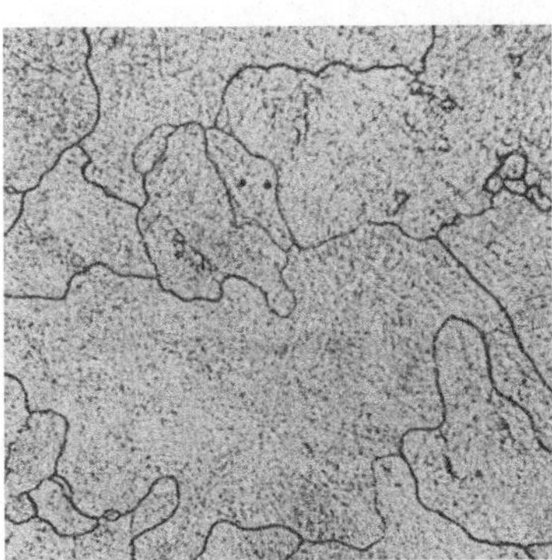

Abb. 110. Rekristallisation während der Warmverformung.
Links alte, rechts neue Korngrenzen der gleichen Stelle.

Die durch die Warmverformung erzwungene Rekristallisation geht stufenweise vor sich, d. h. es bilden sich während und unmittelbar nach der Verformung spontan neue Rekristallisationszustände aus, von denen die folgenden, wie Abb. 110 zeigt, immer feinkörniger sind als die vorhergehenden. Die Abbildungen stellen eine Art Zwischenzustand dar, in welchem die Rekristallisation bereits eingesetzt hat, die alten Korngrenzen aber noch teilweise sichtbar sind. Man erkennt hier, daß die neuen Korngrenzen sich unbeeinflußt von den alten gebildet haben[1].

Bei nicht sehr weit fortgeschrittener Rekristallisation, wie sie z. B. bei zu kaltem Pressen entstehen kann, zeigt das mikroskopische Bild oft neben kaum oder gerade angedeuteten Korngrenzen eine Gefügezeichnung von schlierenförmigem Aussehen (Abb. 111). Diese Schlieren sind die mit Mangan zeilig besetzten Basisebenen des ursprünglichen Gußgefüges, die durch die Verformung ihren kristallographischen Charakter als Basis des hexagonalen Magnesiumkristalles verloren haben, durch die Manganausscheidungen aber noch als zusammenhängende, wenn auch stark verformte Linien erhalten geblieben sind.

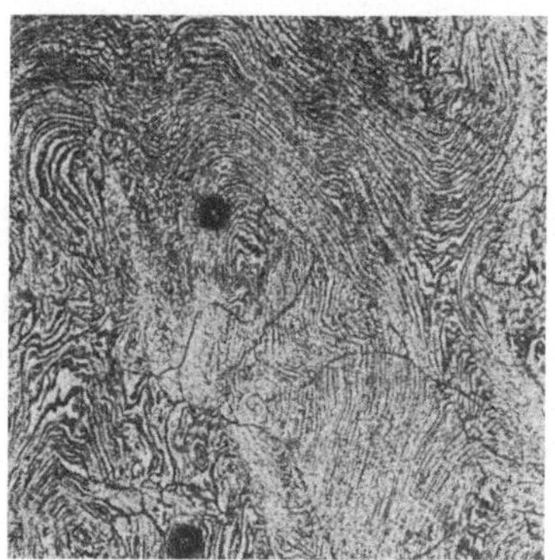

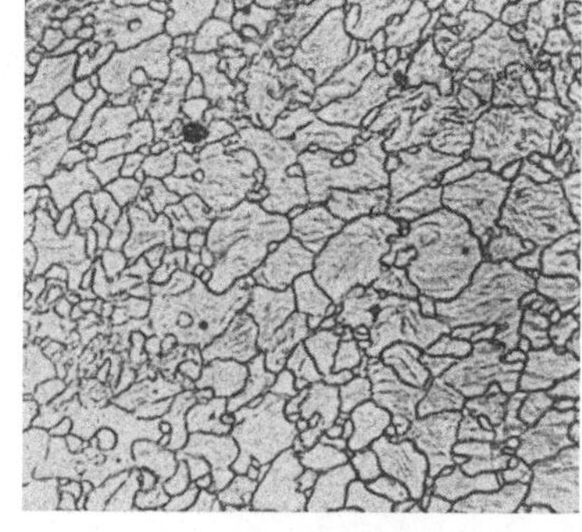

<table>
<tr><td>Abb. 111. Durch Strangpressen schlierenförmig verformte Basisstreifung, 175 ×.</td><td>Abb. 112. Gefüge eines Schmiedestückes aus Mg-Al 6, luftabgekühlt, 175 ×.</td></tr>
</table>

Das Gefüge der geschmiedeten Magnesium-Mangan-Legierung bietet gegenüber dem des stranggepreßten Materials wenig Neues. Ausgegangen wird beim Schmieden von vorgepreßtem Material; die zusätzliche Verformung bringt, da meist keine sehr erheblichen Verformungsgrade angewendet werden (im Gegensatz zum Walzen, siehe den folgenden Abschnitt), keine wesentliche Kornverfeinerung (Abb. 112). Unterbricht man die Rekristallisation durch sofortiges Abschrecken in Wasser nach dem Schmieden, so erhält man dasselbe unvollkommene Gefüge, wie es unvollkommen rekristallisierte Preßstangen zeigen. Schließlich findet man gelegentlich auch Gefüge, bei denen in Richtung der Hauptschubbeanspruchung, also unter 45° zur Schmiederichtung, die Körner unterbrochen sind und entlang diesen Gleitebenen teilweise zu feinem Korn

---

[1] Die photographische Sichtbarmachung ließ sich nur durch verschiedene Einstellung der Mikrometerschraube am Mikroskop ermöglichen, da die Korngrenzen in verschiedenen Höhen lagen.

rekristallisierten (Abb. 113). Auch diese Erscheinung ist aber weitgehend der beim Strangpressen auftretenden, im vorigen Abschnitt beschriebenen ähnlich und beruht wohl auch auf der gleichen Ursache wie hier.

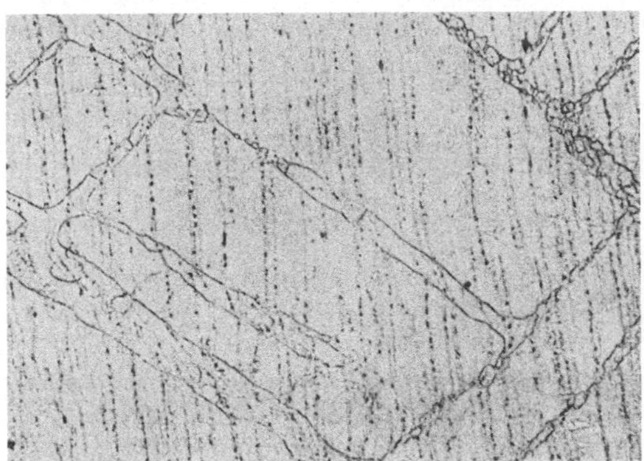

Abb. 113. Rekristallisation in Richtung der Hauptschubbeanspruchung, 175×.

Wie schon im Abschnitt „Pressen" erwähnt (S. 61), bewirkt das Walzen von Mg-Mn eine starke Kornverfeinerung, die zu einer mittleren Korngröße von 12—14 μ im Korndurchmesser bei über 95% Ver-

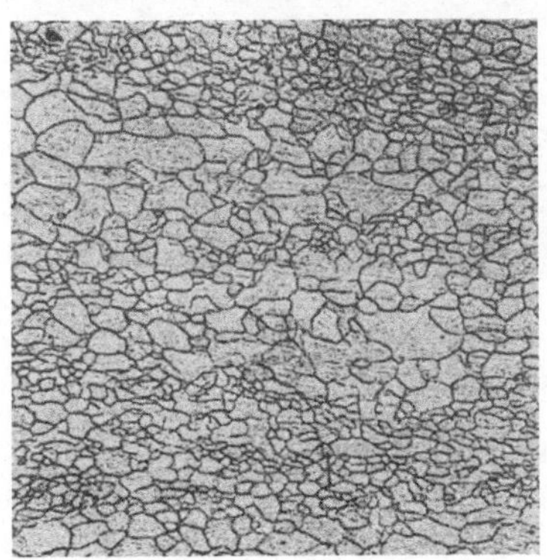

Abb. 114. Blech, 95% abgewalzt, 400×.

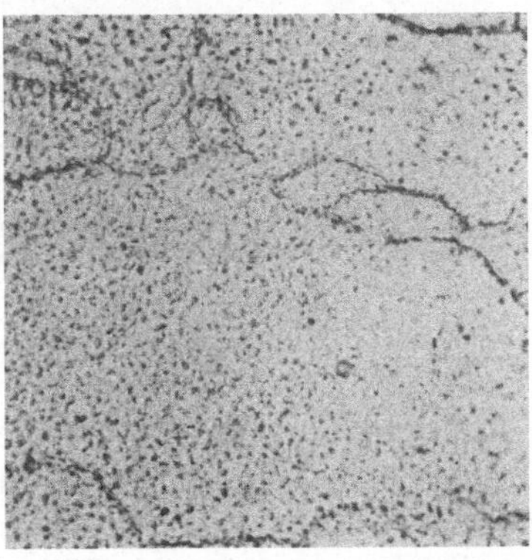

Abb. 115. Wie Abb. 114, stärker vergrößert, Sichtbarwerden der Manganausscheidungen, 900×.

formung (1,5 mm Blechdicke und darunter bei 60—100 mm dickem Ausgangsmaterial) führt (Abb. 114). Bei höherer Vergrößerung erkennt man wieder das ausgeschiedene Mangan (Abb. 115); die zur Verformung notwendige Temperatur von 300—400° bewirkt eine ausgesprochene Heterogenisierung; die Homogenisierungstemperatur liegt mit über 570° so hoch, daß eine Warmverarbeitung dabei nicht in Frage kommt. Die

Legierung ist eben in Bezug auf ihr Zustandsbild mit dem Nachteil behaftet, daß jede Warmverarbeitung zu verstärkter Heterogenisierung führt; hierunter leidet vor allem die Bruchdehnung, die bei dieser Legierung selbst bei Blechmaterial ja nur wenige Prozent beträgt.

Die Walztextur ist im Schliffbild nur wenig zu erkennen; man findet eine geringfügige Längsstreckung der Körner parallel zur Blechoberfläche. Bei längs und quer zur Walzrichtung angeschliffenen Proben zeigt das Gefüge keine Unterschiede.

9. Schweißen.

Die besprochene Magnesiumlegierung verdankt ihre vielseitige technische Verwendbarkeit vor allem ihrer vorzüglichen Schweißbarkeit.

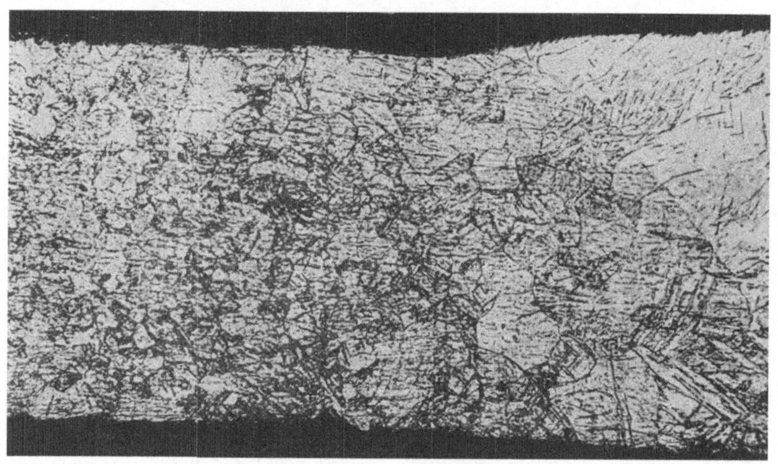

Abb. 116. Übersichtsaufnahme der Randzone einer Schweißung.
Rechts die beginnende Schweißraupe, 50×.

Die Abb. 116 zeigt die Übersichtsaufnahme einer Blechschweißung an 1,5 mm dickem Blech. Die Schweißraupe selbst ist entsprechend ihrem Gußgefüge sehr grobkörnig, sie weist darüber hinaus oft eine eigenartige Zeichnung auf (Abb. 117), die an die grätenartige Erstarrungsstruktur erinnert, wie sie W. Kaufmann und Th. Siedler[1] an Reinmagnesium fanden. Dieses Gefüge hängt wahrscheinlich zusammen mit den extremen Abkühlungsbedingungen, wie sie für den Schmelzfluß der Schweiße besonders am Rand der zu verschweißenden, sehr gut wärmeleitenden Bleche vorliegen. Man kann diese Struktur leicht erzeugen, indem man Magnesium-Mangan-Schmelze sehr rasch erstarren läßt. Schliffbilder von erstarrtem Guß zeigen genau dieselbe Korn-

---

[1] Kaufmann, W., u. Th. Siedler: Z. Elektrochem. Bd. 37 (1931) S. 497.

zeichnung, wie sie Kaufmann und Siedler a. a. O. wiedergegeben haben (Abb. 118). An langsam erstarrtem Guß konnten wir sie dagegen nie beobachten. Für Schweißnähte dickerer Bleche, bei denen aus dem

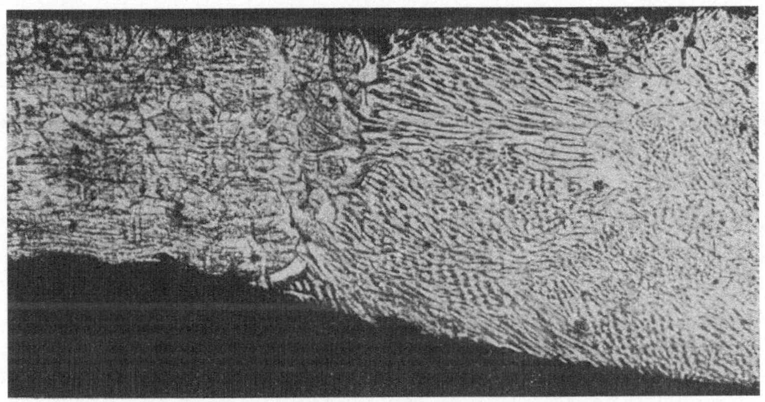

Abb. 117. Schweißraupe mit grätenförmiger Erstarrungsstruktur, 50×.

gleichen Grund erhebliche Schweißspannungen vorkommen, ist das Auftreten von Zwillingen, wie sie im Abschnitt 7 beschrieben und gezeigt wurden, kennzeichnend.

Obwohl, wie schon in der Einleitung betont wurde, die binäre Legierung Mg-Mn unbegrenzt und hervorragend leicht schweißbar ist, kann auch bei ihr jene Erscheinung auftreten, die bei Stählen zuerst entdeckt und auf ihre Ursache untersucht wurde, die „Schweißrissigkeit". Unter dieser Bezeichnung wird dabei eine Rißbildung verstanden, die unmittelbar neben der Schweißraupe und parallel zu ihr verläuft. Sie ist, wie schon bei den Untersuchungen an Stählen von J. Müller[1,2] erkannt wurde, eine

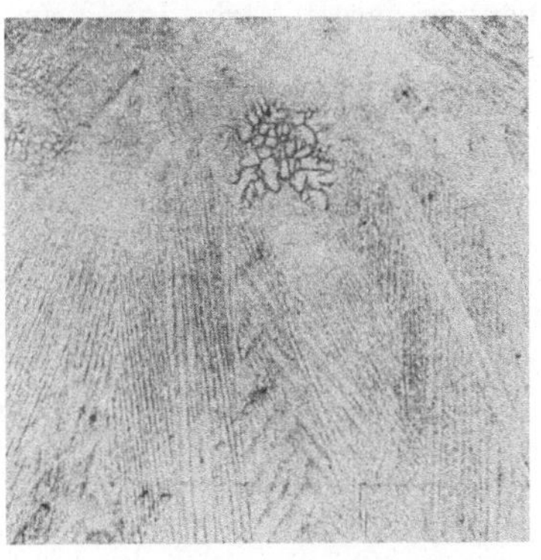

Abb. 118. Grätenartiges Erstarrungsgefüge aus schnell erstarrtem Mg-Mn-Guß, 10×.

Eigenschaft, die durch die Zusammensetzung — bei unlegierten Metallen durch den Reinheitsgrad — bedingt ist, wenn die Hauptvoraussetzung, das Auftreten von Schweißspannungen, vorliegt.

Schweißrissigkeit an Blechen der Legierung Mg-Mn ist in der Praxis

[1] Müller, J.: Luftf.-Forsch. Bd. 17 (1940) S. 97.
[2] Müller, J.: Luftf.-Forsch. Bd. 11 (1934) S. 93.

an sich selten aufgetreten. Als Ursache war bekannt, daß über einen gewissen Gehalt an dritten und vierten Legierungsbestandteilen wie Aluminium und Zink hinaus (> 0,3%) die Schweißbarkeit der Legierung durch das Auftreten von Schweißrissigkeit leidet. Die Abb. 119

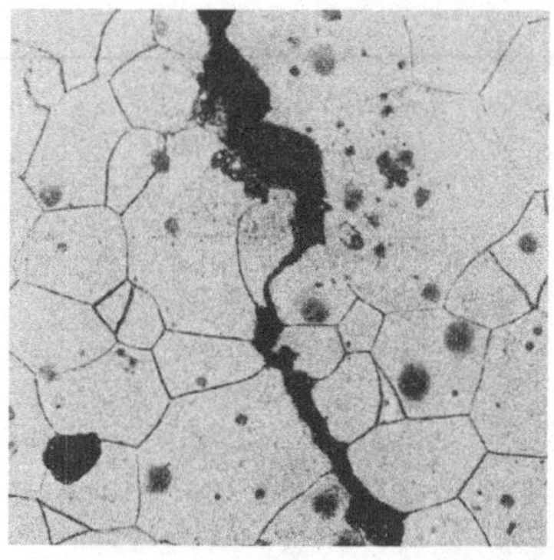

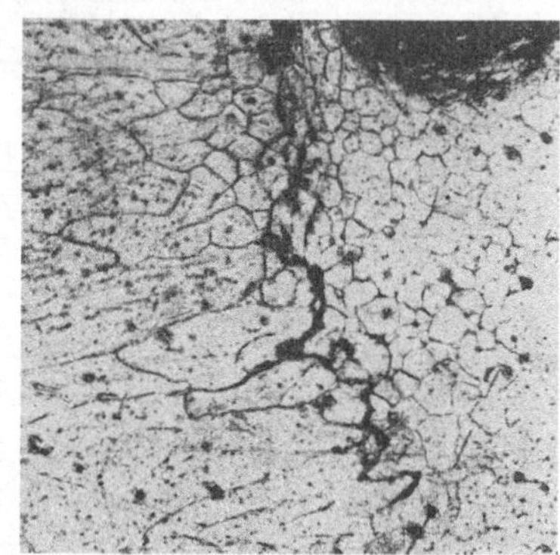

Abb. 119. Schweißriß, erzeugt durch 0,2% Ce, 50×.

Abb. 120. Schweißriß, erzeugt durch 0,04% Sr, 100×.

bis 121 geben ein paar typische Schweißrisse im Querschliff wieder. Die Risse verlaufen in unmittelbarer Nähe der Schweißraupe in dem zu verschweißenden Material und sind, wie die Abbildungen deutlich erkennen lassen, rein interkristallin. Schon hieraus mußte geschlossen

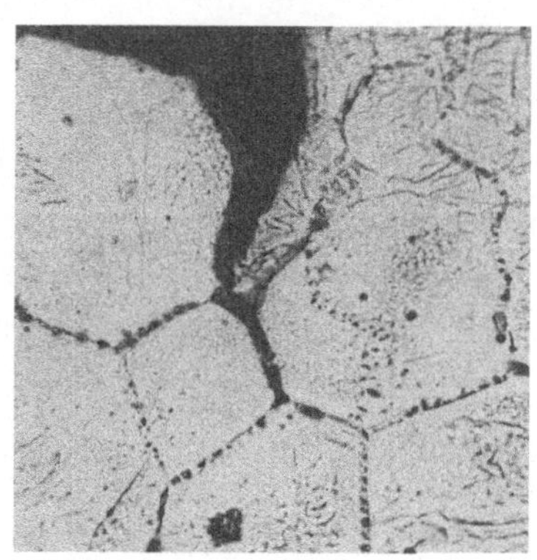

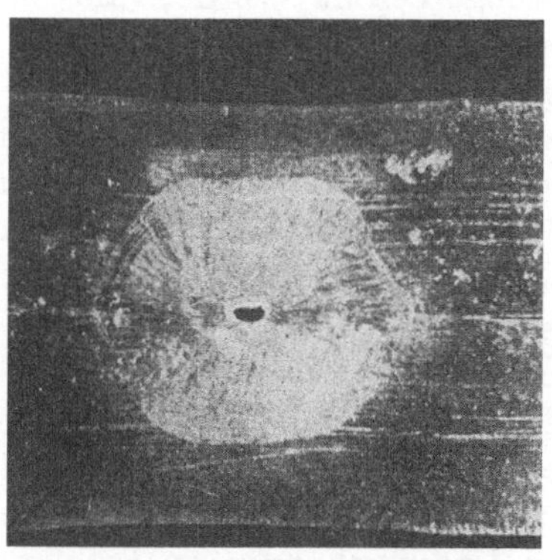

Abb. 121. Schweißriß, erzeugt durch 0,04% Ni, 375×.

Abb. 122. Punktschweißung, 3×.

werden[1], daß es sich bei den Schweißrissen um Warmbrüche handelt. Eine weitgehende metallographische Untersuchung führte dann weiter zu dem Hinweis, daß Korngrenzenausscheidungen in der Nähe des Schweißrisses, wie sie Abb. 121 zeigt, die nähere Ursache der Erscheinung

---

[1] Bulian, W., u. E. Fahrenhorst: Z. Metallkde. Bd. 36 (1944) S. 170.

sein müssen. Ein Vergleich der Menge der die Schweißrissigkeit verursachenden Fremdbestandteile mit dem Verlauf der Soliduskurven in ihrem System mit Magnesium brachte schließlich den Nachweis, daß

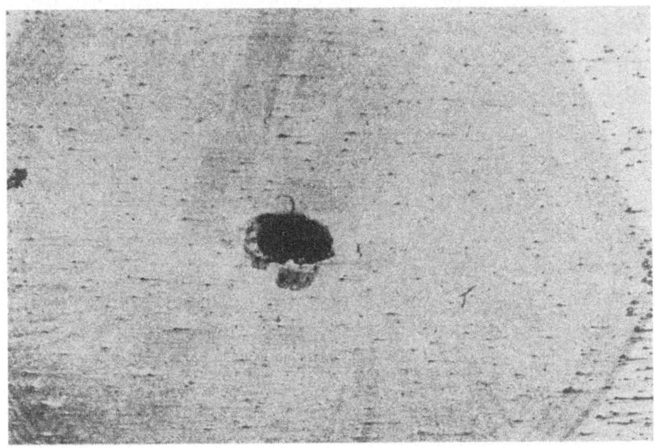

Abb. 123. Punktschweißung, 10×.

die Menge an Fremdmetall, die noch, ohne Schweißrisse zu erzeugen, aufgenommen werden kann, sich weitgehend nach der Steilheit dieser

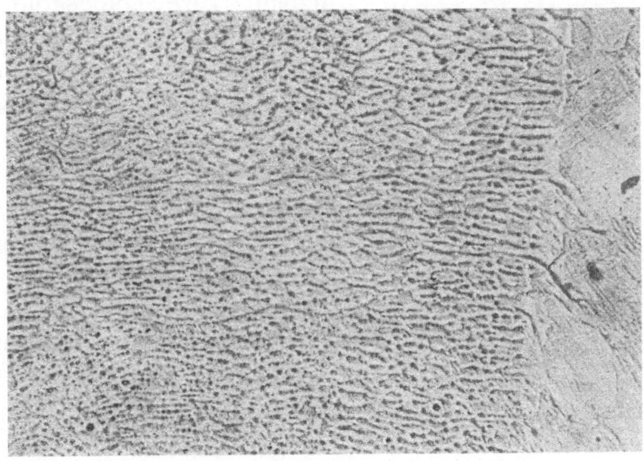

Abb. 124. Punktschweißung, 116×.

Soliduskurven in der Nähe des Magnesiumschmelzpunktes richtet, und zwar derart, daß bei steilerer Kurve die Schweißrissigkeit früher eintritt. Es handelt sich bei den Rissen also um Schmelzerscheinungen der Korngrenzensubstanz, die zu den interkristallinen Brüchen führen[1].

<hr>

[1] Bulian, W.: Z. Metallkde. Bd. 40 (1949) im Druck.

Die Legierung Mg-Mn läßt sich auch gut elektrisch punktschweißen. Die Abb. 122—124 zeigen in drei verschiedenen Vergrößerungen Schweißlinsen von Punktschweißungen. Die Übersichtsaufnahme läßt die für die Legierung Mg-Mn typische Stengelkristallisation in der Schweißlinse erkennen. Ferner zeigt die gleiche Abbildung einen Schwindungslunker in der Mitte der Schweißlinse, wie er bei größeren Blechstärken und damit Schweißpunkten immer auftritt. Er ist nicht sehr glatt ausgebildet und kann, wie Abb. 123 zeigt, der Ausgangsort von kleinen Anrissen in die Schweißlinse hinein sein. Das Feingefüge der gleichen Linse zeigt Abb. 124, man erkennt neben den Korngrenzen der Stengelkristalle starke, netzartig gebundene Ausscheidungen von Mangan, die wahrscheinlich von einem dendritischen Wachstum der Magnesiumkristalle der Schweißlinse, wie es bei den extremen Abkühlungsbedingungen immer auftritt und hierfür typisch ist, herrührt.

C. Sonderlegierungen.

Die Magnesium-Mangan-Legierung mit 1,8% Mangan hat einen Nachteil, der schon im vorigen Abschnitt erwähnt wurde; sie ist im Gußzustand außerordentlich grobkörnig und bedarf zur Feinkornbildung

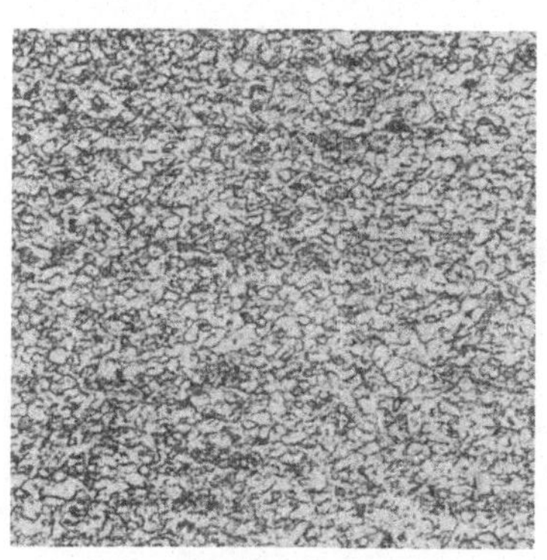

Abb. 125. Walzgefüge eines 1 mm starken Bleches einer Mg-Mn-Legierung mit 0,2% Ca, 175 ×.

einer Warmverformung mit beträchtlichem Verformungsgrad. Darüber hinaus liegt sie im verformten Zustand immer im heterogenen Bereich ihres Zustandsschaubildes, so daß ihre Festigkeitswerte relativ niedrig liegen. Es wurde nun versucht und auch mit Erfolg erreicht, diese Legierung dadurch weiter zu entwickeln, daß man sie durch Legierungszusätze feinkörnig machte und ihre technischen Eigenschaften verbesserte. In der Hauptsache sind in letzter Zeit zwei Legierungsbestandteile dafür genannt worden, und zwar das Kalzium[1] und das Zer[2]. Beide haben gemeinsam, schon im Guß der Magnesium-Mangan-Legierung in Zusätzen von wenigen Zehntel Prozent außerordentlich kornverfeinernd zu wirken. Dieser Effekt bleibt im warmverformten Zustand erhalten und bewirkt auch hier eine bemerkenswerte Kornfeinheit (Abb. 125).

---

[1] Bulian, W.: Z. Metallkde. Bd. 31 (1939) S. 302.
[2] Beck, A.: Magnesium und seine Legierungen, Berlin 1939, S. 135.

Die Korngröße beträgt im Durchmesser z. B. bei 1 mm starkem Blech aus diesen Legierungen etwa $4\,\mu$[1].

Der Einfluß von Quecksilber als Zusatz zur Legierung Mg-Mn ist früher (siehe S. 30) schon hinreichend besprochen worden. Die geringe Wirkung macht es nicht sehr wahrscheinlich, daß quecksilberhaltige Mg-Mn-Legierungen zur praktischen Verwendung in der Technik kommen werden, zumal die nahezu einzige Wirkung des Quecksilberzusatzes, die Verbesserung der Korrosionsbeständigkeit, zwar wissenschaftlich interessant, aber technisch nicht bedeutend genug ist, um die Einführung einer derartigen Legierung zu rechtfertigen.

D. Korrosion.

Wie schon im Kapitel IV, § 3, gezeigt wurde, liegt in chemischer Hinsicht eine bevorzugte Anfälligkeit des Magnesiumkristalles in Richtung der Basisebenen gegen chemische Agenzien vor, die sich im mikro-

Abb. 126. Oberflächenkorrosion einer Gußmassel.
In einzelnen Körnern streifenförmige Korrosion längs der Basis, natürliche Größe.

skopischen Bild in einer leichten Ätzbarkeit in dieser Richtung äußert. Derselbe Fall liegt nun auch bei der Korrosion vor. An den Abb. 126 bis 128 sind die bezeichnendsten Korrosionserscheinungen des Magnesiums und der bisher besprochenen Legierungen gezeigt. Abb. 126 gibt die Oberfläche einer Reinmagnesium-Gußmassel wieder; man erkennt an einzelnen Körnern eine auffällige Streifung, die infolge bevorzugter Auflösung durch das korrodierende Mittel, in diesem Fall die Luftfeuchtigkeit, längs der Basisebenen erzeugt wurde. Abb. 127 zeigt die gleiche

---

[1] Über die Rekristallisation von Mg-Mn-Ca- und Mg-Mn-Ce-Legierungen siehe H. Jan u. W. Hofmann: Z. Metallkde. Bd. 33 (1941) S. 361.

Erscheinung im Querschliff, diesmal an einer gepreßten Probe von Reinmagnesium. Die Korrosion ist teilweise schon sehr tief fortgeschritten, ohne in anderer als Basisrichtung in den einzelnen Kristallen wesentlichen Umfang angenommen zu haben.

Abb. 127. Bevorzugte Korrosion längs der Basis bei Reinmagnesium, 140×.

Den Nachweis dafür, daß bei einem chemischen Angriff von allen kristallographischen Richtungen des Magnesiumkristalles bevorzugt allein die der Basisebene angegriffen wird, bringt die Abb. 128. Hier wurden wohlausgebildete Magnesium-Einkristalle der Einwirkung einer verdünnten Ammoniumchloridlösung ausgesetzt. Man erkennt an mehreren Exemplaren, daß der Angriff eindeutig allein in der Basisrichtung in den Kristall hineinwirkte.

Diese Kristalle sind durch Sublimation der Magnesium-Mangan-Legierung bei etwa 630° gewonnen worden; sie haben noch einen Mangan-

Abb. 128. Ätzung auf Pyramiden- und Prismenflächen von Magnesiumkristallen parallel zur Basis, 10×.

gehalt von 0,04%. Interessant ist, daß diese streifenförmige Ätzung parallel zur Basis bei sublimiertem Reinmagnesium nicht hervorgerufen werden konnte. Es scheint also, daß erst die geringe Menge Mangan diese Ätzung begünstigt. Demnach muß dieses Mangan bei der Sublimation sich ebenfalls allein auf den Basisflächen des strichweise wachsenden Kristalles abgesetzt haben.

Bei Korrosion von stärker verformtem Werkstoff tritt eine bevorzugte Richtung innerhalb der einzelnen Kristalle offensichtlich nicht mehr auf. Der Werkstoff wird vielmehr durch eine Art Lochfraß oder auch durch gleichmäßiges Abätzen der Oberfläche mehr oder weniger stark angegriffen.

Das erste Produkt des Angriffes von chloridhaltigem Wasser auf Magnesium ist nach S. Yamaguchi[1] schwarz, ebenso wie bei Zink, bei welchem die stärkste Schwärzung ebenfalls die Basisflächen zeigen[2].

V. Magnesiumlegierungen mit Aluminium und Zink.

Es wurde schon in der Einleitung erwähnt, daß die aluminiumzinkhaltigen Magnesiumlegierungen bei einer gegenüber der Magnesium-Mangan-Legierung verringerten Korrosionsbeständigkeit und Schweißbarkeit ihr Hauptmerkmal in verhältnismäßig hohen Festigkeitseigenschaften besitzen. Daneben bilden sie den größten Teil der Sand-, Kokillen- und Spritzgußlegierungen. Die Festigkeitseigenschaften, vor allem die Zug- und die Streckgrenze, steigen mit zunehmenden Legierungsbestandteilen an; die Bruchdehnung nimmt dabei nur wenig ab. Alle Mg-Al-Zn-Legierungen besitzen außerdem noch als weiteren Legierungsbestandteil das Mangan, das hier jedoch nur in wenigen Zehnteln Prozent zugesetzt wird; es soll vor allem die Korrosionsbeständigkeit der Legierungen erhöhen. Gefügemäßig bietet dieser Legierungsbestandteil schon seiner geringen Menge wegen wenig Beachtenswertes, so daß sich eine ausdrückliche Behandlung erübrigte.

Die im folgenden behandelten, sich vor allem im Aluminiumgehalt unterscheidenden Legierungen zeigen im großen und ganzen ein ähnliches Schliffbild. Wir haben deshalb zur Vermeidung von Wiederholungen davon Abstand genommen, sie getrennt zu beschreiben, zumal ja die einzelnen Erscheinungen des Schliffbildes ohnedies im gegossenen und gekneteten Material eine mehrfache Darstellung und Deutung erfahren werden. So gelten denn also die allgemeinen Betrachtungen über Korngrenzen, Seigerungen usw. für jeden Aluminiumgehalt.

---

[1] Yamaguchi, S.: Sci. Pap. Inst. phys. chem. Res., Bd. 38 (1940) S. 106.
[2] Huber, K.: Z. Elektrochem. Bd. 48 (1942) S. 29.

A. Kokillenguß, Bolzenguß.

1. Normales Gefüge.

In diesem Abschnitt wird der Kokillenguß behandelt, soweit er in Form von Gußbolzen das Vormaterial für die Strang- und Schmiedepresse und das Walzwerk liefert. Dagegen wird der Kokillenformguß an anderer Stelle erörtert werden. Bevor auf die einzelnen Gefügeerscheinungen eingegangen wird, soll durch die Abb. 129—131 das normale Aussehen von Kokillenbolzenguß der Legierungen Mg-Al3, Mg-Al6 und Mg-Al 7 gezeigt werden. Die erste zeigt, bei ihrem geringen Al-Gehalt, im Mischkristall die von der Gattung Mg-Mn her bekannten zeilenförmigen Ausscheidungen gelöst gewesenen Mangans.

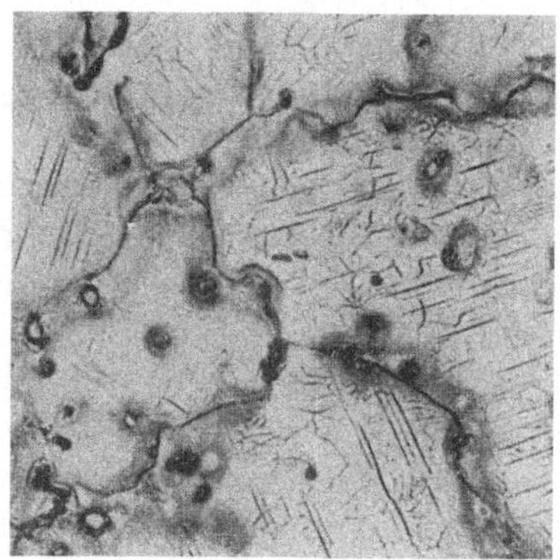
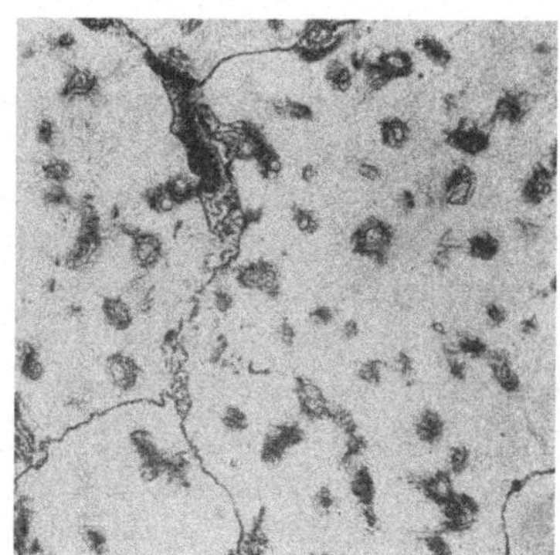

Abb. 129. Gußgefüge von Mg-Al 3, 100×.　　Abb. 130. Gußgefüge von Mg-Al 6, 500×.

Die im allgemeinen 3—9% Al und bis 1% Zn enthaltenden Legierungen neigen im Gußblock zu Seigerungen des Aluminiums. Obwohl die Löslichkeit über 12% beträgt, zeigt jeder Guß das Aluminium in Form von Al_2Mg_3 in zunehmendem Maße nach der Blockmitte ausgeschieden. Hier ist es wegen seines niedrigen Schmelzpunktes in der Restschmelze angereichert. Außerdem neigen die Legierungen zu starker umgekehrter Blockseigerung. Die Restschmelze tritt in Form von Tränen aus, deren Zusammensetzung nach gelegentlicher Analyse 17,8% Al und 2,42% Zn, Rest Mg beträgt.

Die Abb. 132 zeigt ein Schliffbild durch solche Ausseigerungen; man erkennt ein ternäres Eutektikum, dessen Phasen einmal aus dem Magnesiummischkristall mit darin gelöstem Aluminium und Zink bestehen, ferner aus $Mg_3Al_2Zn_3$ und schließlich aus Al_2Mg_3, das etwa 12% Zink gelöst haben kann. Die langen Nadeln gehören nicht dem System Mg-Al-Zn an; es handelt sich bei ihnen wahrscheinlich um Al_4Mn. Praktisch ist diese Erscheinung ohne Belang, da die Gußhaut stets entfernt wird. Die Seigerungen erstrecken sich nur wenige Millimeter ins Blockinnere[1].

Die noch ausgesprochen dendritische Struktur der Magnesium-Mischkristalle, zwischen die in der Randzone das Al_2Mg_3 herausgepreßt

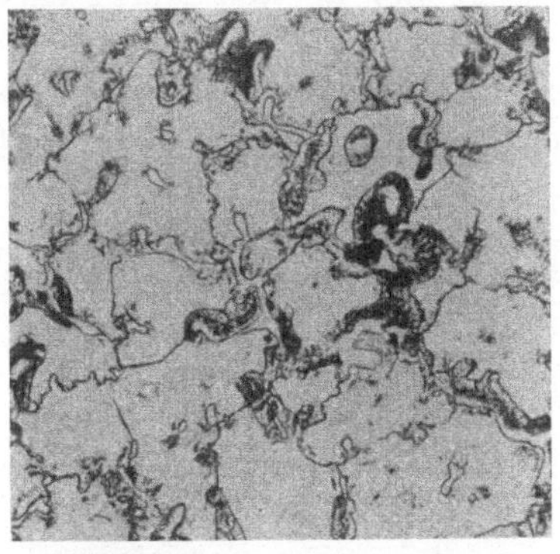

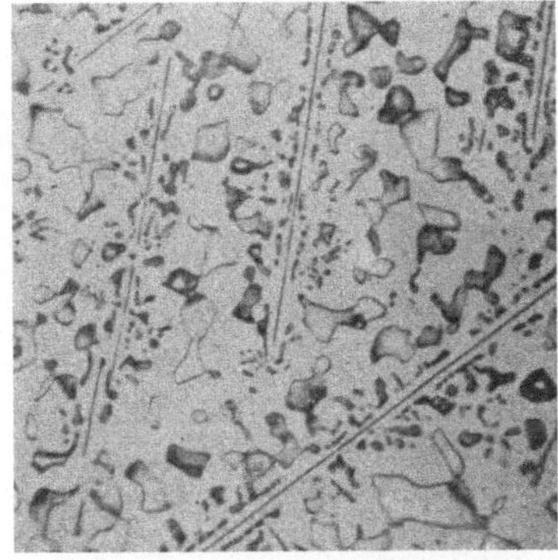

Abb. 131. Gußgefüge von Mg-Al 7, 300×.

Abb. 132. Ternäres Eutektikum aus einer umgekehrten Blockseigerung, 550×.

wurde, ist ein Zeichen dafür, wie frühzeitig vor beendeter Erstarrung dieser Vorgang sich vollzieht. Während die anschließende Zone des Gußblockes ein einigermaßen gleichmäßiges Gefüge mit starken Korn-

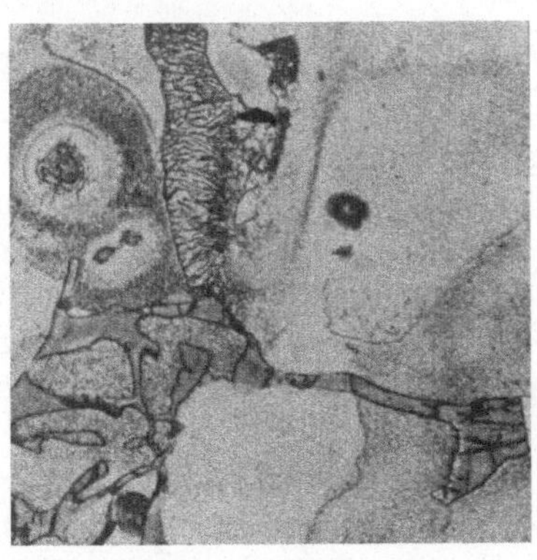

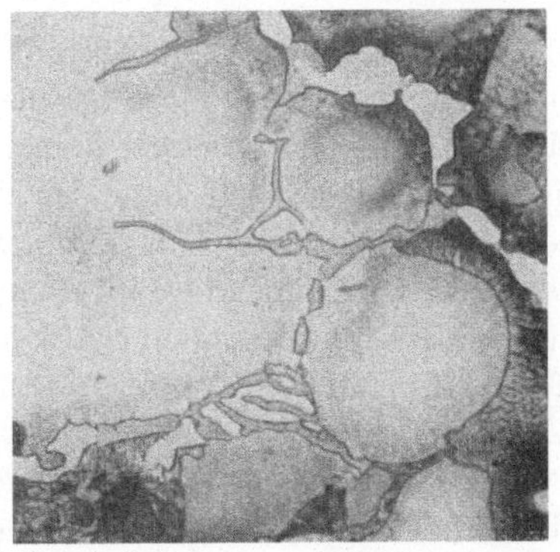

Abb. 133. Mg_2Si in Gußgefüge von Mg-Al 6, 300×.

Abb. 134. Zinkhaltige Al_2Mg_3-Phase neben Al_2Mg_3 im Gußgefüge von Mg-Al 3, 250×.

grenzen zeigt, treten weiter nach innen Inseln von Al_2Mg_3 in Form entarteten Eutektikums auf. Abb. 129—131 zeigen typische Schliff-

[1] Über die Ursache der umgekehrten Blockseigerung siehe vor allem P. Brenner u. W. Roth: Z. Metallkde. Bd. 32 (1940) S. 10, und E. Scheil: Z. Metallforsch. Bd. 2 (1947) S. 69; bei beiden auch eine kritische Betrachtung der verschiedenen Theorien mit umfangreicher Literaturangabe.

bilder von Guß, wobei in Abb. 131 das Al_2Mg_3 auch in Inseln im Mischkristall selber auftritt. Der Grund für das etwas unterschiedliche Aussehen von Blockmitte und Blockrand liegt in der rascheren Erstarrung an der Kokillenwand. Am Rand bleibt das Gefüge relativ homogen, das Aluminium wird in Form von Al_2Mg_3 nur an den Korngrenzen ausgeschieden. Bei stärkerer Vergrößerung werden die typischen Ablagerungen an den Korngrenzen sichtbar, vor allem Al_2Mg_3, weiter das unverwechselbar himmelblaue, als Verunreinigung auftretende Mg_2Si

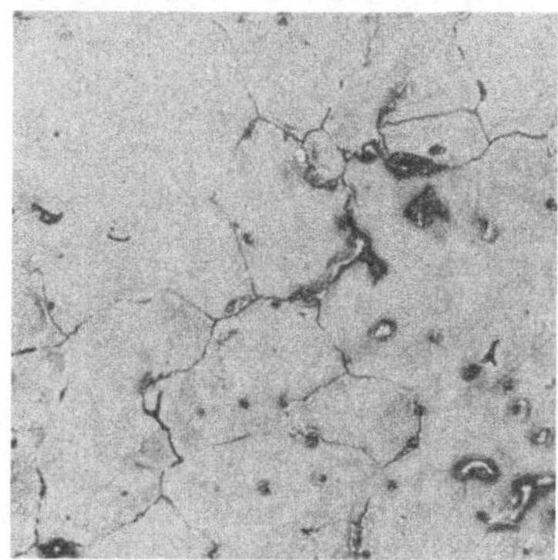

Abb. 135. Gußgefüge von Mg-Al 3, 75×.

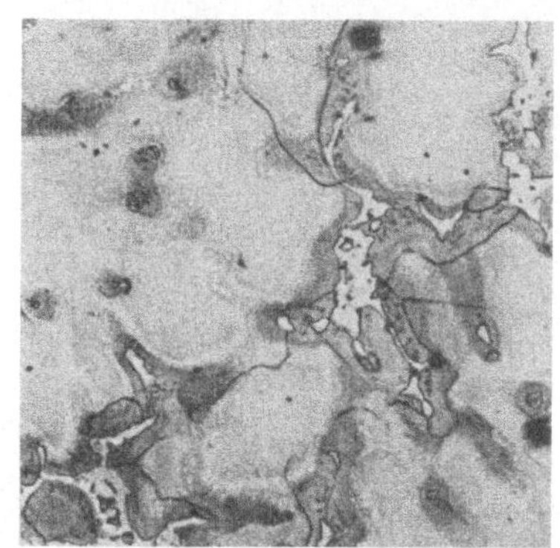

Abb. 136. Gußgefüge von Mg-Al 6, Seigerungszonen durch Ätzen hervorgerufen, 175×.

und das später zu behandelnde, aus dem übersättigten Mischkristall ausgeschiedene, lamellare „Eutektoid" (Abb. 133). In der Legierung Mg-Al 3 findet sich neben dem Al_2Mg_3 ein ihm in der Form ähnlicher, sich schwach rötlich ätzender Bestandteil, der vermutlich ein zinkhaltiges Al_2Mg_3 darstellt (Abb. 134). Diese Legierung ist dadurch gekennzeichnet, daß die übersättigten Zonen, wohl wegen des relativ hohen Zinkgehaltes, beim Ätzen braun anlaufen. Wegen des geringen Aluminiumgehaltes sind die Korngrenzen nicht sehr ausgeprägt (Abb. 135).

Durch Glühbehandlung bei etwa 400° geht das Al_2Mg_3 nur sehr allmählich in Lösung[1], während die Korngrenzen rasch schwächer werden und ihre zackige Form verlieren. Durch starkes Ätzen treten auch hier die übersättigten Seigerungszonen dunkel hervor (Abb. 136).

2. Korngrenzen.

Kennzeichnend für alle diese Legierungen ist die zackige Form der Korngrenzen, die sich bei Schräglicht plastisch herausheben (Abb. 137). Bei stärkerer Vergrößerung lösen sich die Zacken in einzelne Lamellen

---

[1] Über die Auflösungsgeschwindigkeit des Al_2Mg_3 siehe S. 22.

bzw. Plättchen von Al_2Mg_3 auf, die den gebrochenen zackigen Verlauf bedingen. Diese Al_2Mg_3-Kristallite sind sicher primär ausgeschieden worden. Eine Glühung von nur 5 Minuten bei 400° kann bei Guß und Sandguß die Korngrenzenkristalle so weit in Lösung bringen, daß nur noch die plättchenartigen Al_2Mg_3-Kristalle einzeln stehen bleiben. Zuweilen tritt Al_2Mg_3 an den Korngrenzen aber auch in massiveren Kristallen auf, die dann auch bei schwächerer Vergrößerung deutlich zu sehen sind. Die angrenzenden Zonen des Mischkristalls sind

 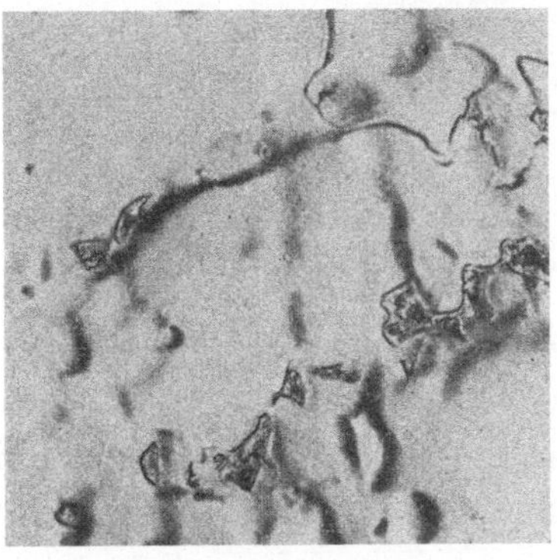

Abb. 137. Korngrenzen von Mg-Al 6 gegossen, im Schräglicht, 600×.   Abb. 138. Seigerungszonen an den Korngrenzen, im Schräglicht, 600×.

dabei an Aluminium übersättigt und werden bei kräftiger Ätzung dunkel, wie die gleiche Abbildung zeigt. Im Schräglicht sind auch diese, durch den Aluminiumgehalt härteren übersättigten Zonen ebenso wie die Korngrenzen plastisch herausgehoben (Abb. 138). Bei kräftiger Ätzung erscheinen sie aufgerauht. Man kann im Mikroskop verfolgen, wie sie durch Homogenisierungsglühung ihren hohen Aluminiumgehalt an die weniger übersättigten Zonen abgeben und dabei abflachen. Nach Glühung von etwa einer halben Stunde bei 400° sind diese Zonen völlig eingeebnet; nur die eigentlichen Korngrenzen stehen noch heraus (Abb. 139). Bei völliger Homogenisierung, d. h. wenn der Aluminiumgehalt über den ganzen Querschnitt des Mischkristalls hinweg gleich hoch geworden ist, verschwinden auch die im Schliff herausstehenden Al_2Mg_3-Kristallite der Korngrenzen, wobei diese dann einen mehr geraden Verlauf nehmen (Abb. 140).

Will man die Korngrenzen, die sich in schwierigen Fällen durch ein starkes alkoholisches Gemisch aus Salpeter- und Essigsäure herausätzen lassen, in voller Schärfe sichtbar machen, so genügt häufig ein Anlassen von etwa 10 Minuten bei 200°. Man erhält dann ein Gefüge mit klaren Korngrenzen, das durchaus wie Reinmagnesium oder α-Eisen aussieht (Abb. 141).

Es sei hier noch eine Bemerkung über die Korngröße dieser Legierungen im Gußzustand gemacht. Bekannt ist seit langem die Be-

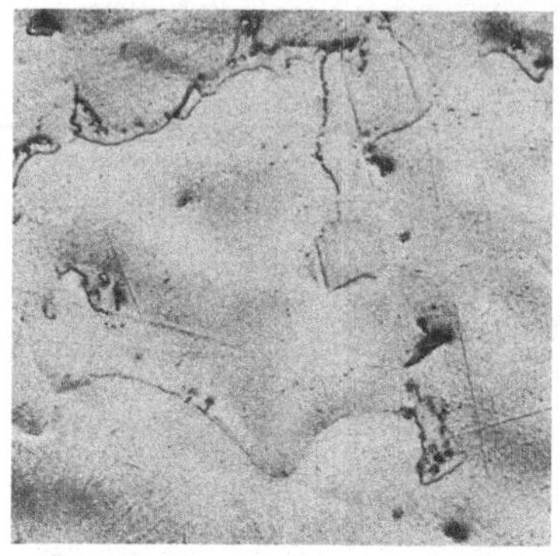

Abb. 139. Wie Abb. 136, ¹/₂ Stunde bei 400° geglüht, 600 ×.

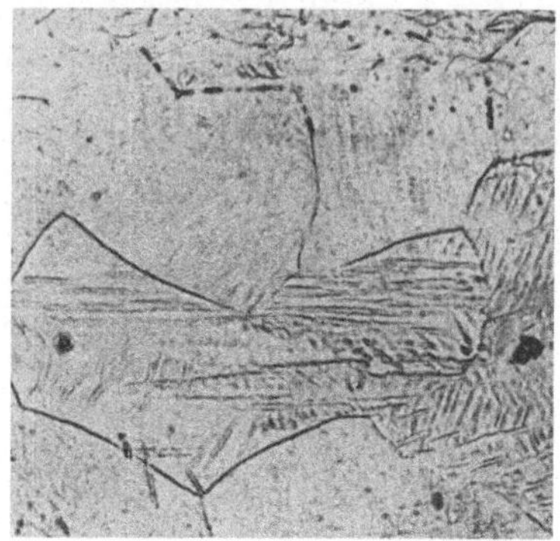

Abb. 140. Gußgefüge von Mg-Al 6, 24 Stunden bei 400° geglüht, 175 ×.

hauptung[1], daß eine Überhitzung der Schmelze um 200—250° über den Schmelzpunkt zu einem gegenüber nicht überhitzter Legierung feinkörnigeren Gefüge führt. Diese Ansicht wurde auch in jüngerer Zeit[2] bestätigt. Während nun bisher immer angenommen wurde, daß ein derartiger Effekt, falls er überhaupt reell ist, durch stärkere Aufnahme an verunreinigenden Bestandteilen (Fe usw.) bewirkt wird, wurde in der zweiten Notiz als Ursache das Gegenteil angenommen, nämlich eine gewisse Reinigungswirkung der Überhitzung. Eigene Versuche, die an einer größeren Reihe von 1-kg-Schmelzen vorgenommen wurden, ergaben bei der angegebenen Überhitzung nicht den geringsten

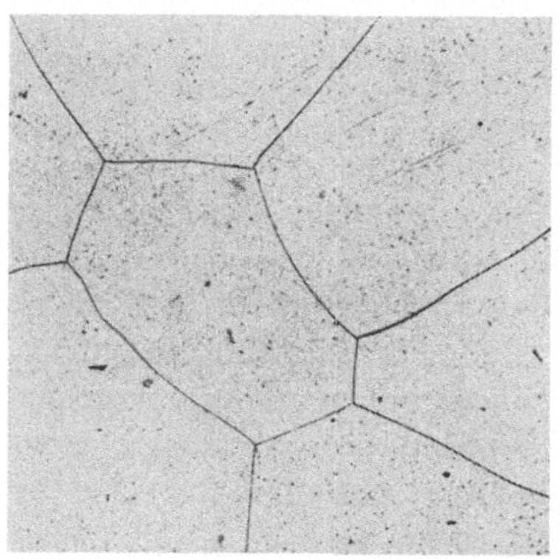

Abb. 141. Guß der Gattung Mg-Al 6, 4 Tage bei 410° homogenisiert, abgeschreckt und 10 Min. bei 200° angelassen; scharfe, gerade Korngrenzen, 150 ×.

Effekt; die Korngröße blieb völlig konstant. Sie war hingegen sehr stark abhängig von der Temperatur der Kokille, in die die Schmelze hineingegossen war.

---

[1] Schmidt, W.: Z. Metallkde. Bd. 25 (1933) S. 291.
[2] Light Metals Bd. 6 (1943) Novemberheft.

3. Al$_2$Mg$_3$.

Die größeren Kristalle von Al$_2$Mg$_3$ haben niemals eine reguläre Form, sie sind ein entartetes Eutektikum mit dem Magnesiummischkristall aufzufassen. Dies ist häufig noch daran zu erkennen, daß der Kristall von Inseln des Magnesiummischkristalls durchsetzt ist. Der Gefügebestandteil Al$_2$Mg$_3$ ist härter als der Magnesiummischkristall, weswegen er sich besonders bei Schräglichtbeleuchtung plastisch aus seiner Umgebung heraushebt. Er ist rein weiß und wird von den für Magnesiumlegierungen gebräuchlichen Ätzmitteln nicht angeätzt (Abb. 142). Abb. 143 zeigt die durch die verschiedene Härte bedingten Höhenunterschiede von mehreren Gefügebestandteilen im Vergleich zum Al$_2$Mg$_3$,

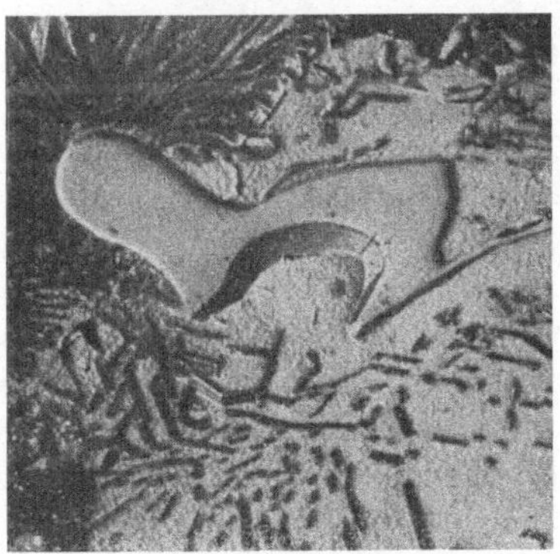

Abb. 142. Al$_2$Mg$_3$, schräg ins Magnesium verlaufend, 900×.

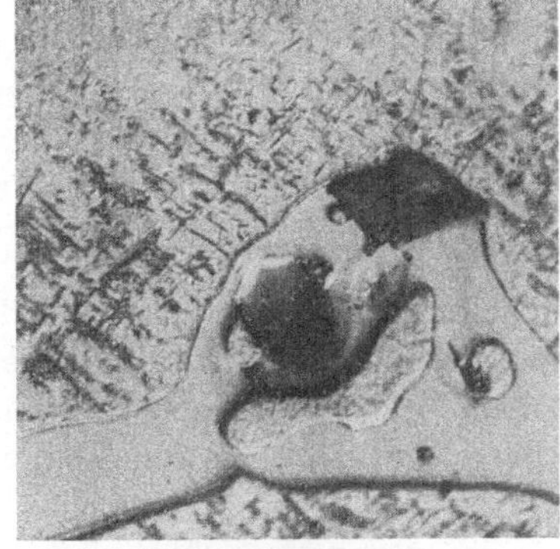

Abb. 143. Al$_4$Mn, Al$_2$Mg$_3$ und Mg$_2$Si im Magnesiummischkristall, 900×.

wie sie sich durch normales Polieren der Schliffoberfläche — also nicht durch Reliefpolieren besonders hervorgehoben — bereits ausbilden. Man sieht einen sehr regulär sechseckig geschnittenen Kristall der Verbindung Al$_4$Mn als höchsten Gefügebestandteil herausragen. Nächst tiefer liegt die Fläche des Al$_2$Mg$_3$, dann folgt die Fläche des Magnesiummischkristalls, während der dunkle Kristall, die Verbindung Mg$_2$Si, durch das Ätzen stark angegriffen und narbig geworden ist und dadurch vertieft im Magnesium liegt. Durch die sehr geringe Schärfentiefe des Objektivs, einer Ölimmersion mit 90facher Eigenvergrößerung, war es unmöglich, alle Ebenen gleichzeitig scharf abzubilden.

Sehr deutlich kommen diese Härteunterschiede bei Anwendung des Mikrohärteprüfers heraus. In Abb. 144, die einem langsam erkalteten Gußgefüge einer binären Magnesium-Aluminium-Legierung mit etwa 10% Al entstammt, ist an der Länge der Diagonalen des durch den Prüfdiamanten erzeugten Eindruckes der große Härteunterschied zwischen der Verbindung Al$_2$Mg$_3$ und dem Magnesiummischkristall zu erkennen[1]. Die zwischen diesen beiden liegenden Eindrücke im „Eutektoid" zeigen die Abhängigkeit der Härte dieser Gefügeart von der Dichte, mit der sich die Lamellen ausgeschieden haben. Man erkennt deutlich, daß die Zonen mit dichtem „Eutektoid" eine größere Härte besitzen als jene,

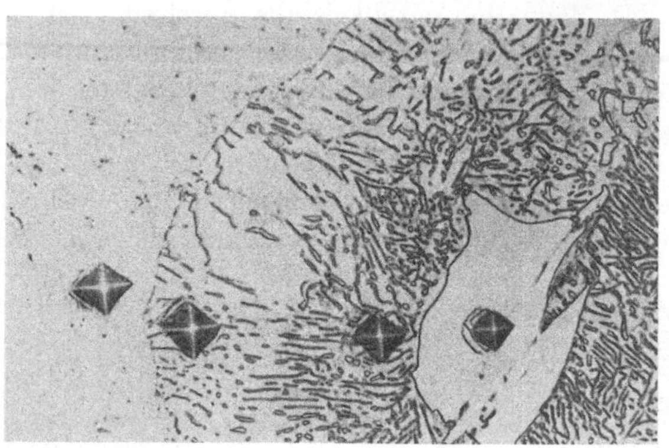

Abb. 144. Mikrohärteeindrücke an Gußgefüge von Mg-Al 6, 500×.

in denen die Ausscheidung mehr diskret erfolgte. Das einem Gußgefüge der Legierung Mg-Al 7 entnommene Schliffbild 145 zeigt noch weitere mit dem Mikrohärteprüfer in zwei anderen Gefügebestandteilen hervorgerufene Eindrücke, die zum Vergleich der Härten dieser Kristallarten mit

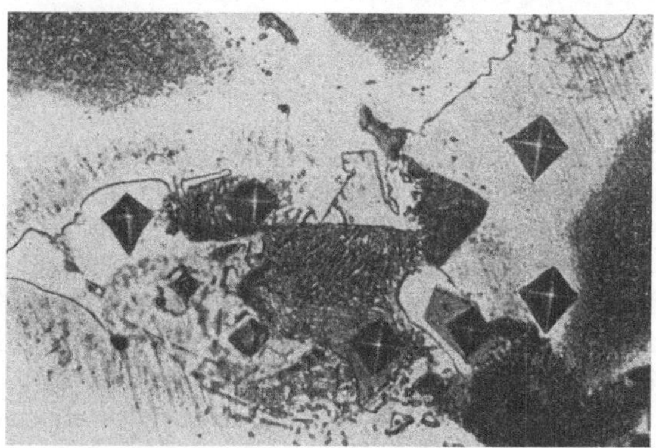

Abb. 145. Mikrohärteeindrücke in die Phasen Mg-Mischkristall, Al_2Mg_3, Mg_2Si, „Eutektoid" und eine unbekannte ternäre Phase, 500×.

der Verbindung Al_2Mg_3 dienen sollen. Man erkennt einmal einen Eindruck in einem Mg_2Si-Kristall, der die größere Härte dieses Gefügebestandteils

---

[1] Die Mikrohärteeindrücke der obigen Abbildungen sowie die der Abb. 230 wurden bei Herrn Professor Dr. H. Hanemann im Institut für Metallkunde der T.H. Berlin angefertigt, wofür wir auch an dieser Stelle herzlich zu danken haben.

gegenüber dem Al$_2$Mg$_3$ beweist. Außerdem sind zwei Prüfeindrücke in einem undeutlich erkennbaren, außerordentlich harten Bestandteil vorhanden, der in seiner Ausbildungsform dem Al$_2$Mg$_3$ sehr ähnelt und immer mit diesem zusammen vorkommt. Er soll deshalb auch gleich in diesem Abschnitt mitbehandelt werden. Bei subjektiver Beobachtung im Mikroskop ist diese Kristallart ganz schwach rötlich gefärbt, wodurch sie sich neben ihrer erheblich größeren Härte allein vom Al$_2$Mg$_3$ unterscheidet. Sie erscheint meist homogen, nur selten sind bei stärkster Vergrößerung winzige, etwas stärker rötlich gefärbte Bestandteile in ihr zu erkennen. Die Eindrücke mit dem Mikrohärteprüfer werden nicht scharfkantig, sondern etwas verschmiert und stufig, was ebenfalls eher auf eine inhomogene Zusammensetzung deuten würde. Die Zu-

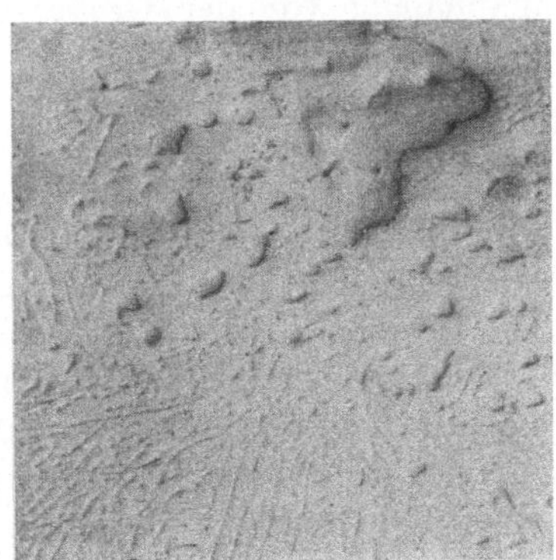

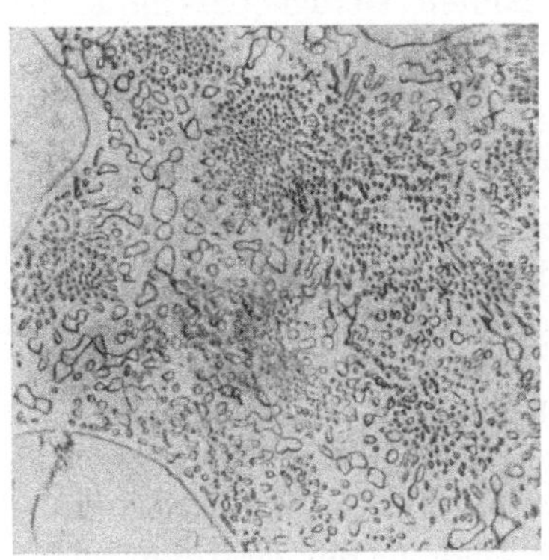

Abb. 146. Guß von Mg-Al 6, auf Gummi relief-
poliert, ungeätzt, 900 ×.   Abb 147. Al$_2$Mg$_3$ mit 50 Hz beschallt, 750 ×.

sammensetzung dieser Phase konnte nicht festgestellt werden; zunächst wurde an einem ternären Mischkristall des Al$_2$Mg$_3$ mit Zink deshalb gedacht, weil dieser Bestandteil besonders häufig in den zinkreichen Gußlegierungen der Gattungen G Mg-Al 4-Zn und G Mg-Al 6-Zn zu finden ist. Hingegen lassen die Färbung sowie die wahrscheinlich inhomogene Beschaffenheit vermuten, daß hier verunreinigende Schwermetalle, und zwar weniger als ausgesprochener ternärer Mischkristall als vielmehr in feinster Form aus dem Al$_2$Mg$_3$ wieder ausgeschieden, diesen Gefügebestandteil erzeugen. So wurde diese Phase auch an einer Legierung mit 10% Aluminium und 0,6% Kupfer beobachtet.

Das harte Al$_2$Mg$_3$ läßt sich als Primärausscheidung wie als „Eutektoid" durch seine gegenüber dem Magnesiummischkristall größere Härte auch ohne jede Ätzung sichtbar machen, wenn man den Schliff reliefpoliert. Das mikroskopische Bild eines solchen Schliffes im ungeätzten Zustand zeigt Abb. 146 in Schräglichtbeleuchtung. Um Al$_2$Mg$_3$-

Kristalle von der Größe des hier abgebildeten in Lösung zu bringen, ist eine mehrtägige Homogenisierungsglühung bei 400° erforderlich.

Es lag nahe, die für die weitere Verwendung der Mg-Al-Legierungen recht störende Ausbildung der Al_2Mg_3-Kristalle dadurch wenigstens zum Teil zu unterbinden, daß man die Schmelzen solcher Legierungen bei der Erstarrung einer Schall- oder Ultraschallbehandlung unterzog[1]. Es gelang dabei, das Al_2Mg_3 durch die Schalleinwirkung in nahezu echtes Eutektikum zu verwandeln, wie Abb. 147 zeigt. Eine Verbesserung des Gesamtgefüges etwa im Hinblick auf eine leichtere Homogenisierbarkeit war dagegen nicht erreicht worden. Das entspricht den schon früher geäußerten Feststellungen[2], daß die Auflösungsgeschwindigkeit des Al_2Mg_3 bei gleicher Gesamtkonzentration über den gesamten Gefügequerschnitt hinweg unabhängig von der Größe der Gefügebestandteile ist.

4. Eutektoid.

In jeder nicht abgeschreckten Magnesium-Aluminium-Legierung mit über 6% Al entsteht bei der Abkühlung durch Zerfall des übersättigten Mischkristalles das „Eutektoid" als lamellare Ausscheidung von Al_2Mg_3. Da es sich im festen Zustand ausscheidet, kann es nur bei einer Temperatur entstehen, bei der die zugehörige Löslichkeitsgrenze unterschritten wird. Doch kann das nicht genau genommen werden, da zwischen den Korngrenzen und den Kornmitten der Mischkristalle meist erhebliche Konzentrationsunterschiede bestehen. Im allgemeinen liegen die Bildungstemperaturen des „Eutektoids" weit unterhalb der Löslichkeitslinie. Eine Legierung der Gattung Mg-Al 6 erreicht die Löslichkeitsgrenze bei 320°. Nach Versuchen an Strangpreßmaterial war jedoch bei 300° noch keine „Eutektoid"-Bildung zu erzwingen. Bei 295° zeigten sich die ersten Inseln, bei 250° waren sie nach 3 Minuten schon entschieden ausgebildet, bei 200° zeigten sich erste Ansätze nach 5 Minuten. Diese „Eutektoid"-Bildung, die natürlich mit der Temperatur steigend rascher und auch gröber erfolgt, findet selbst noch bei 100°, allerdings erst nach vielstündigem Glühen, statt. Wie immer bei Ausscheidungen aus dem festen Zustand ist das „Eutektoid" um so feiner, je niedriger die Ausscheidungstemperatur liegt.

Im Gußgefüge begleitet das „Eutektoid" die Korngrenzen und Primärkristalle von Al_2Mg_3 (Abb. 148). Beim Glühen geht es in der Weise in Lösung, daß sich die Lamellen in kurze Einzelstücke und schließlich in rundliche Körner auflösen (Abb. 149). Diese Form entsteht weder im Guß noch im verformten Material selber. Daher ist solch teilweise ausgebildetes „Eutektoid" mit gröberen, koagulierten

---

[1] Siebers, Ch., u. W. Bulian: Z. Metallforsch. Bd. 1 (1946) S. 157.
[2] Bulian, W., u. E. Fahrenhorst: Z. Metallkde. Bd. 36 (1944) S. 20.

Körnern nicht unvollständig ausgeschieden, sondern ein sicherer Beweis für ungenügendes Homogenisierungsglühen. Das „Eutektoid" wächst in meistens rundlichen, durchweg aber ausgeprägten Zonen von den

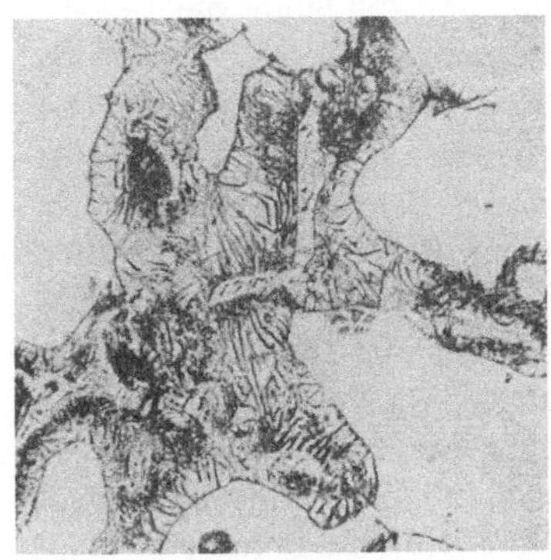

Abb. 148. Gußgefüge von Mg-Al 6 mit starker „Eutektoid"-Ausbildung, 200 ×.

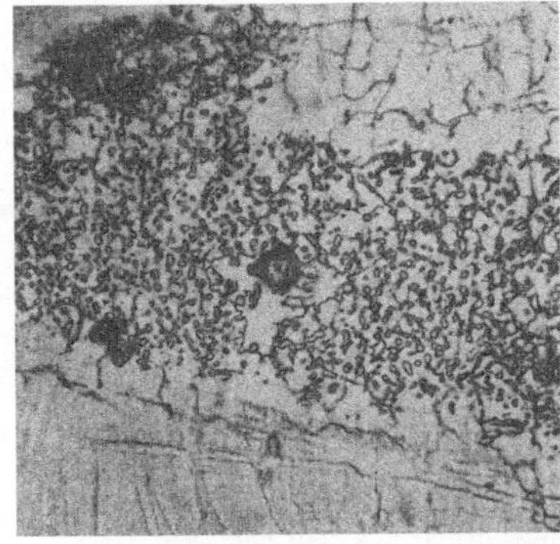

Abb. 149. „Eutektoid", kurz bei 400° geglüht, 400 ×.

Korngrenzen ins Innere der Kristallite vor (Abb. 150). Wo in einem Korn zwei Bereiche von „Eutektoid" gegeneinander vorwachsen, geschieht es sehr häufig in einer geraden Front (Abb. 151). Im Schräg-

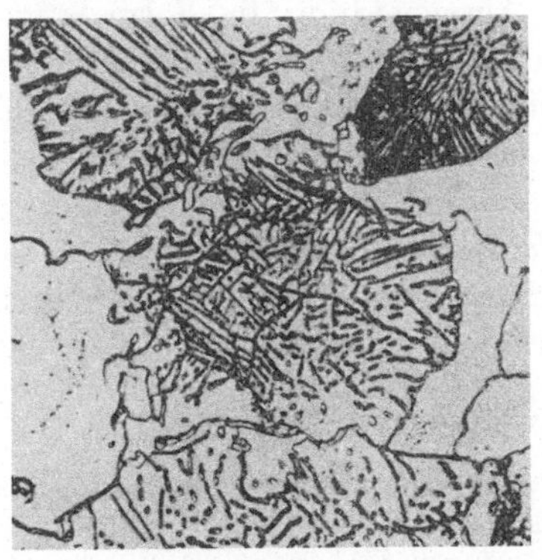

Abb. 150. Gefügebild von „Eutektoid", 600 ×.

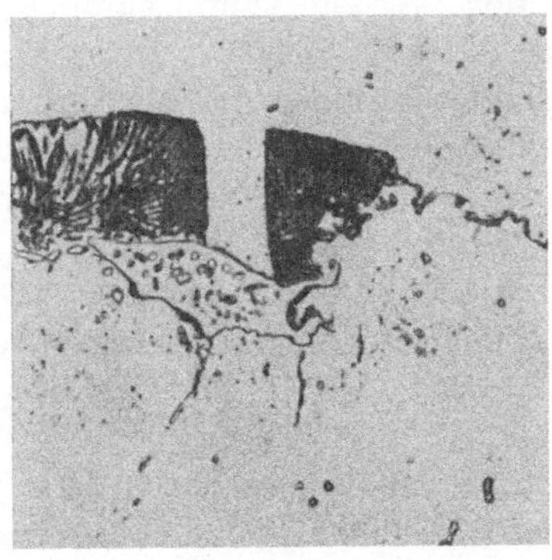

Abb. 151. Zwei „Eutektoid"-Zonen, gegeneinander wachsend, 650 ×.

licht heben sich die Al_2Mg_3-Lamellen des „Eutektoids" erhaben aus dem Schliffbild heraus (Abb. 31). Daß es sich um Lamellen handelt, läßt sich dann sehr gut beobachten, wenn sie unter einem flachen Winkel zur Schliffebene liegen. Man sieht diesen Fall nicht allzu häufig, weil die Lamellen oder Plättchen dann leicht wegpoliert werden. Wo sie erhalten bleiben, ist ihre lamellare Natur eindeutig sichtbar, und zwar schon bei gewöhnlichem Auflicht, plastischer noch im Schräglicht

(Abb. 152). Die Beobachtung im Schräglicht ergibt dadurch besondere Vorteile, daß die feineren Al_2Mg_3-Lamellen genau wie die massiven Al_2Mg_3Primärkristalle erheblich härter als der Mischkristall sind, in den sie eingebettet sind. Sie werden deshalb immer reliefpoliert und treten aus der Schlifffläche deutlich heraus. Läßt man das Schräglicht von entgegengesetzten Richtungen auffallen, so erscheinen die schrägen Lamellen je nach der Einfallsrichtung leuchtend weiß oder tief dunkel. Die Untersuchung von „Eutektoidlamellen" mit dem Elektronenmikroskop[1,2] ergab auch bei einer Gesamtvergrößerung von 10000 : 1 immer noch glatte Plättchen, an denen eine weitere Struktur nicht zu erkennen war.

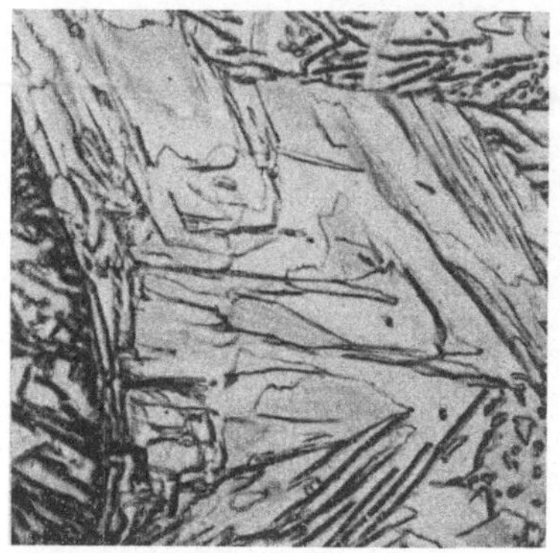

Abb. 152. Al_2Mg_3-Lamellen von „Eutektoid", sehr flach in der Schlifffläche liegend, 900 ×.

Im Guß findet man bei langsamer Abkühlung noch eine dritte Form des Al_2Mg_3 neben den Primärkristallen und dem „Eutektoid", die auch durch langes Glühen in der Nähe der Löslichkeitslinie hervorgerufen werden kann, nämlich eine Ausscheidung in Form kurzer gerichteter Stäbchen, deren unbezweifelbare Orientierung mit den Kristallrichtungen des Magnesiummischkristalles zusammenhängt und deshalb bereits früher[3] „gerichtete Ausscheidung" genannt wurde. Während diese Art der Ausscheidung bei der normalen Erstarrung des Gusses nur in der Nähe der Al_2Mg_3-Einschlüsse erfolgt, läßt sie sich durch Glühen über den ganzen Mischkristall hinweg erzielen, wie bereits S. 26f. ausführlich erläutert worden war[4].

5. Mikrolunker, Gasblasen, Oxydhäute.

Sind die besprochenen Erscheinungen für jeden Guß normal, so müssen die nachfolgenden durchweg als Fehler gelten. Die Abbildungen sprechen für sich und bedürfen keiner ausführlichen Erläuterung. Wir zeigen in Abb. 153 und 154 Mikrolunker, wie sie vor allem im Kopf des Gußbolzens leicht an den Korngrenzen entstehen, zuweilen in das Korn weit hineinreichend. Ein ähnliches Bild bieten Gasblasen, wie sie bei der leichten Löslichkeit des flüssigen Magnesiums für Wasserstoff[5]

[1] Semmler-Alter, E.: Metallwirtsch. Bd. 22 (1943) S. 303.

[2] Zworykin: Met. Ind. (1943) S. 279.

[3] Siehe S. 24, Fußnote 2, und S. 26, Fußnote 1.

[4] Siehe hierzu auch J. A. Gann: Trans. Amer. Inst. Min. Met. Eng. Inst. Met. Div. Bd. 83 (1929) S. 309.

[5] Winterhager, H.: Aluminium-Arch. Bd. 12 (1938).

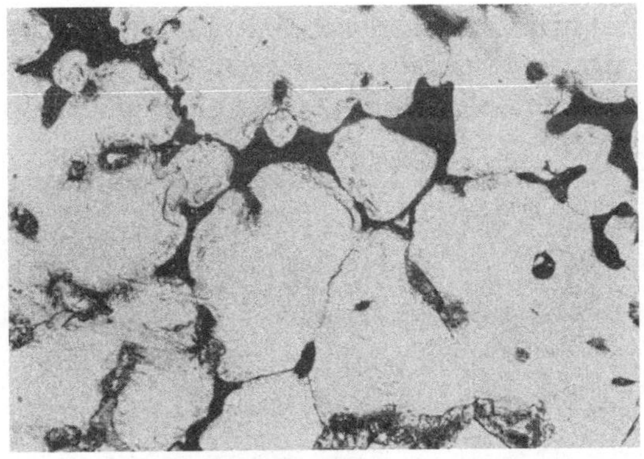

Abb. 153. Mikrolunker in Guß von Mg-Al 6, 110×.

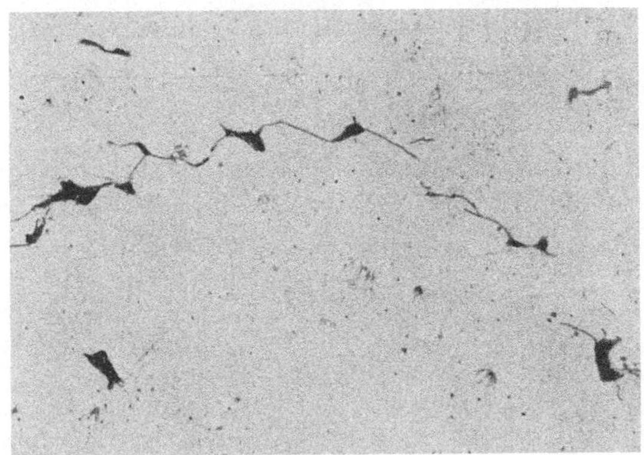

Abb. 154. Mikrolunker, durch Riß verbunden, 150×.

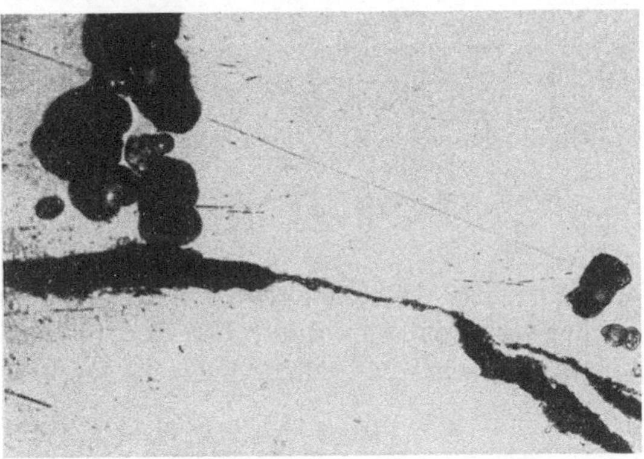

Abb. 155. Gasblasen im Kopf eines Gußbolzens, 450×.

und Schwefeldioxyd[1] gelegentlich auftreten (Abb. 155). Ist die Schmelze unvollkommen gereinigt oder tritt vom Tiegelboden die abgesetzte Schlacke in den Guß, so enthält das Material Anhäufungen von allen

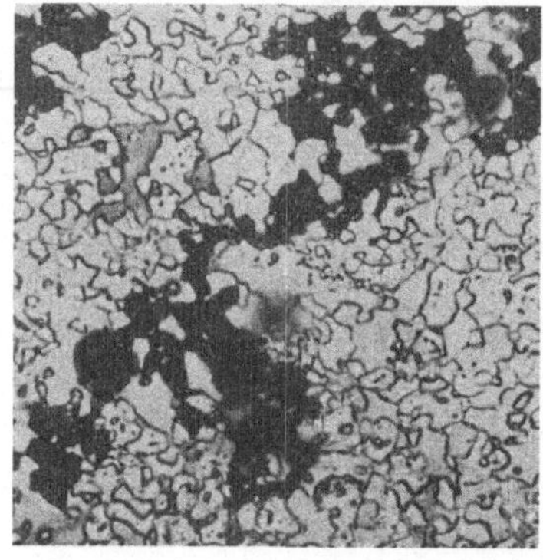

Abb. 156. Verunreinigungen im Gußboden eines Mg-Al 6 - Gußbolzens, 600 ×.

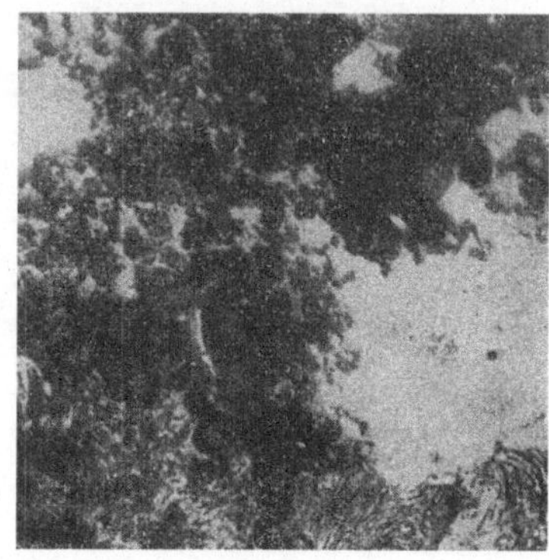

Abb. 157. Salzeinschluß im Guß von Mg-Al 6, 300 ×.

möglichen Verunreinigungen, die oft mit Manganprimärkristallen, mit gröberen Al_2Mg_3-Kristallen, meist jedoch mit Oxyden und anderen nichtmetallischen Einschlüssen gemeinsam auftreten (Abb. 156). Auch

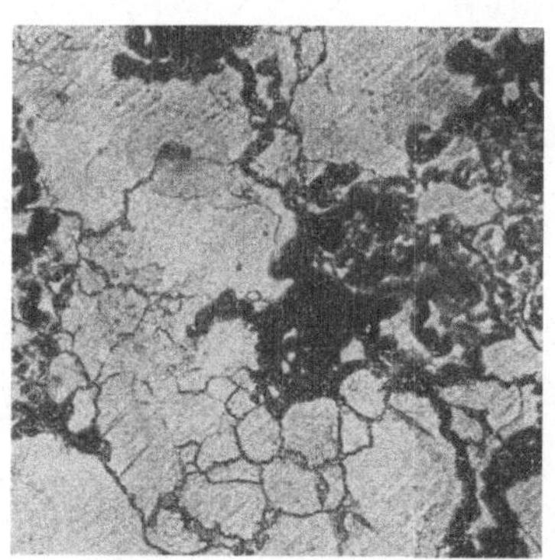

Abb. 158. Oxydhäute aus ungenügend gereinigter Schmelze, 200 ×.

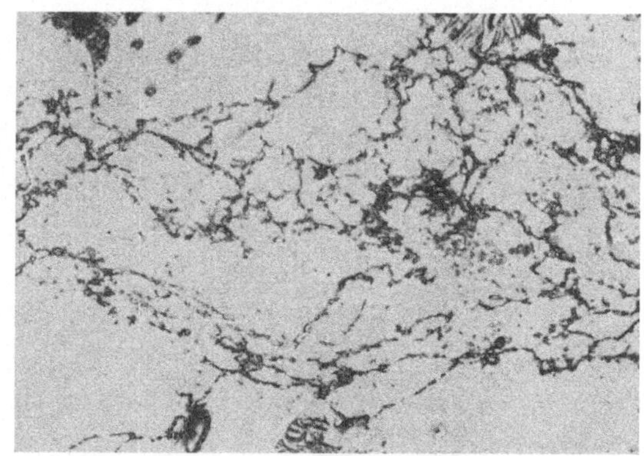

Abb. 159. Oxydhäute, durch Abreißen des Gießschlauchs beim Vergießen entstanden, 400 ×.

Salzeinschlüsse kommen auf diese Weise vor (Abb. 157). Aus dem Gußtiegel selbst oder, wenn der Oxydschlauch, durch den das flüssige Metall beim Gießen in die Form fließt, abreißt[2], wird der Guß schließlich auch

---

[1] Schneider, A., u. U. Esch: Z. Metallkde. Bd. 32 (1940) S. 177.

[2] Über die Oxydation von flüssigem Magnesium und Magnesiumlegierungen siehe W. Bulian: Metallforsch. Bd. 2 (1947) S. 62.

mit Oxydhäuten verunreinigt, die im erstgenannten Falle voluminös und meist von Mangananhäufungen begleitet sind, während der Gießschlauch dünne, weitgestreckte Oxydhäutchen ergibt. Diese erscheinen dann im Schliffbild wie in Abb. 158 und 159 und sind oft stellenweise nicht markanter als Korngrenzen, von denen sie sich allein durch ihre Ausrichtung unterscheiden.

B. Strangpreßmaterial.

6. Allgemeines.

Stranggepreßte Stangen und Profile werden aus den Legierungen Mg-Al 3, Mg-Al 6 und Mg-Al 7 angefertigt. Aus richtig vorgeglühten, d. h. homogenisierten Gußbolzen, zeigen sie ebenfalls ein homogenes Gefüge mit deutlich ausgeprägten Korngrenzen. Zum Kern der Stangen hin können bei nicht genügender Homogenisierung noch Inseln von Eutektoid und von unaufgelösten Al_2Mg_3-Kristallen auftreten. Die

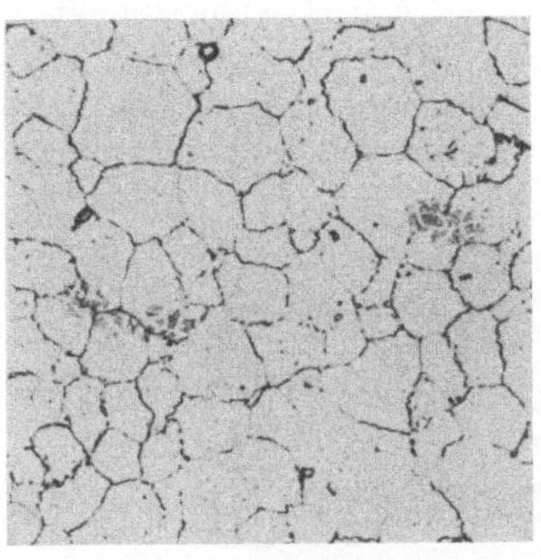

Abb. 160. Gefüge einer 40 mm starken stranggepreßten Rundstange aus Mg-Al 6, Querschliff, 600 ×.

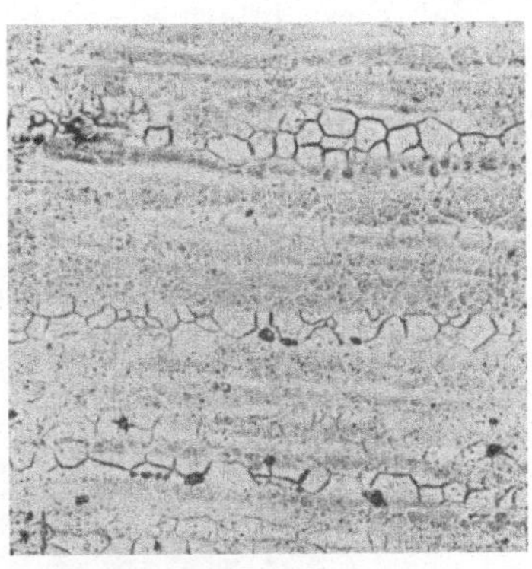

Abb. 161. Preßgefüge einer 16-mm-Rundstange aus Mg-Al 3, Längsschliff, 150 ×.

Korngröße von Stangen mit ausreichendem Verpressungsgrad schwankt über den Querschnitt hinweg nur unwesentlich. Abb. 160 gibt das Gefüge einer 40-mm-Rundstange wieder aus einer Legierung der Gattung Mg-Al 6. Bei der Legierung nach Gattung Mg-Al 3 ergeben sich wegen des geringen Aluminiumgehaltes Schwierigkeiten beim Herausätzen des Gefüges. Die Korngrenzen sind hier nur sehr wenig ausgeprägt, und der Schliff läuft leicht an. Bei stärkerer Vergrößerung sind die Korngrenzen meist unter der Anlaufschicht zu erkennen. Das Schliffbild einer solchen Legierung gibt Abb. 161 wieder.

Bei sehr geringen Verpressungsgraden erhält man ein nur unvollkommen rekristallisiertes Gefüge (Abb. 162). Die Primärkörner, also

das Gußgefüge, bleiben weitgehend erhalten, und nur in den Korngrenzenzonen wird das Material sehr fein rekristallisiert. Auf die Ursache
dieser Gefügeausbildung wurde be-
reits bei der Besprechung von Preßstangen aus der Legierung Mg-Mn
hingewiesen (siehe S. 63).

7. Zeilengefüge.

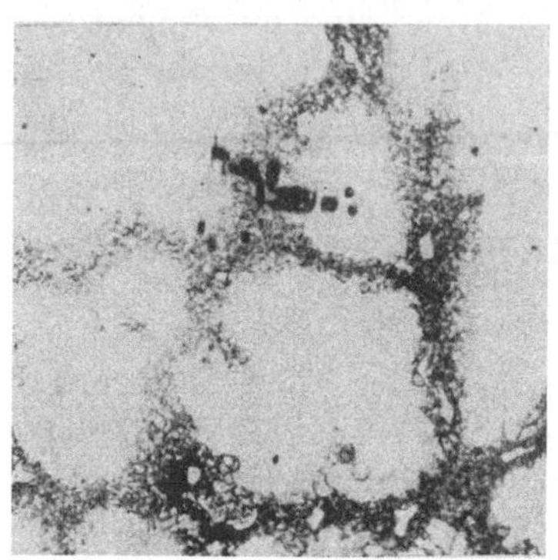

Abb. 162. Mit sehr geringem Verpressungsgrad verformter Guß aus Mg-Al 6, 100 ×.

Größere aus dem Guß stammende
Primärausscheidungen von Al_2Mg_3,
die nur durch mindestens 24 stündiges
Glühen bei 400° in Lösung gebracht
werden können, strecken sich, wenn
sie nicht vorher aufgelöst werden,
beim Pressen in der Preßrichtung
und können dabei sehr lange Zeilen
bilden (Abb. 163). Man muß anneh-
men, daß diese intermediäre Kristallart mit einem Schmelzpunkt von
463°, der durch zusätzliche Aufnahme von Magnesium noch weiter
sinkt, bei den üblicherweise bei 400° und darüber liegenden Verfor-
mungstemperaturen schon bildsam weich ist und leicht dem Verfor-

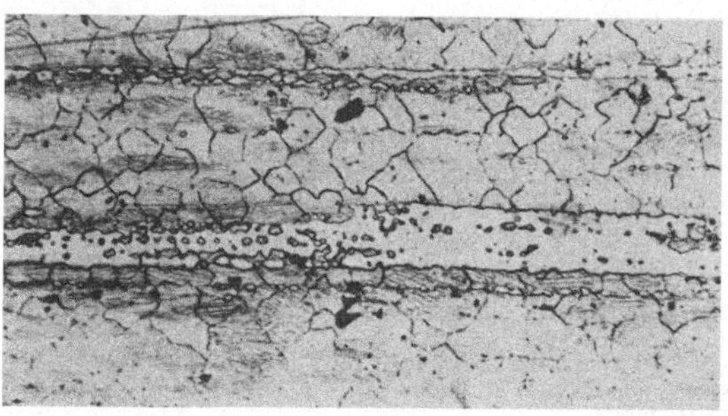

Abb. 163. Aus dem Guß stammende Anreicherung von Al_2Mg_3, zeilig gepreßt,
Längsschliff, 175 ×.

mungsfluß folgt. Bei Zimmertemperatur zerreißt der spröde Kristall bei
mechanischer Beanspruchung quer zur Kraftrichtung, wie Abb. 164
zeigt, die einem Zerreißstab entnommen ist. In diesen Zeilen von
Al_2Mg_3, das aus der Restschmelze stammt, finden sich häufig die
übrigen heterogenen Bestandteile — also zumal Mangan und Mg_2Si,
soweit dieses als Verunreinigung vorkommt —, die von den in der
Schmelze vorwachsenden Magnesiumkristallen hierhin geschoben werden. Abb. 165 gibt Mg_2Si in Al_2Mg_3 wieder, beide durch eine Zug-
beanspruchung zerrissen.

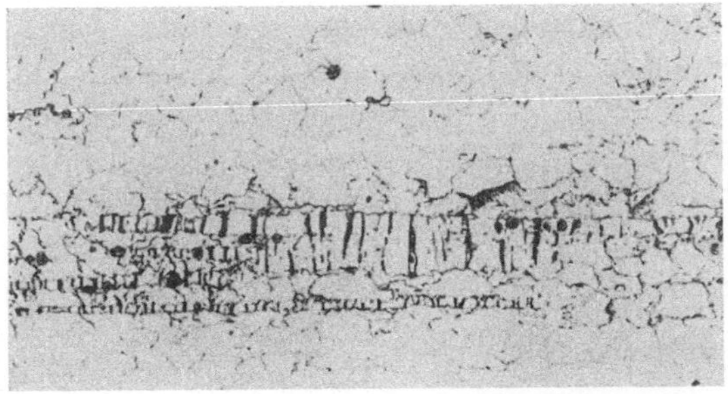

Abb. 164. Wie Abb. 163, aus einem Zerreißstab, Querrisse im Al_2Mg_3-Kristall, 175×.

Abb. 165. Zeiliges Al_2Mg_3 mit eingelagerten Mg_2Si-Kristallen, beide Kristallarten im Zugversuch mehrfach gerissen, 700×.

Abb. 166. Grobätzung von „Eutektoid"-Zeilen in einer Rund- und Flachstange, 5×.

Im geätzten Schliff sind Anreicherungen von Al_2Mg_3 leicht durch das meist daneben auftretende, dunkel erscheinende „Eutektoid"

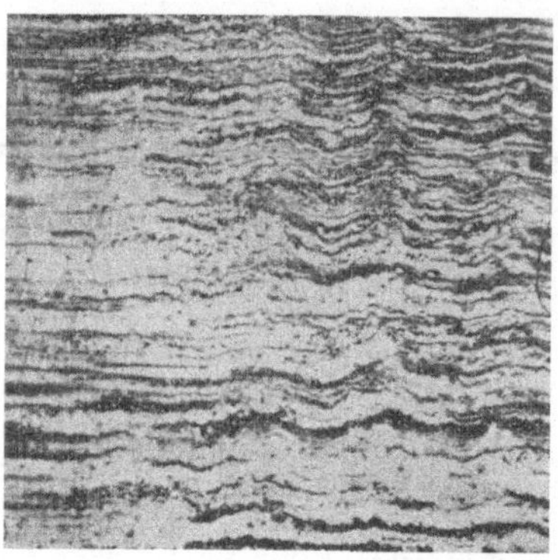

schon mit bloßem Auge zu erkennen (Abb. 166). Häufiger tritt das „Eutektoid" an den übersättigten Stellen allein auf und setzt vor allem die Dehnung erheblich herab. Besonders in Rundstangen folgen solche mit Aluminium angereicherten Zonen nicht immer dem Materialfluß, zumal wenn einzelne Inseln von Al_2Mg_3 dazwischen liegen. Man erhält dann im Schliff wellige Zeilen (Abb. 167 und 168). In den Abb. 169 und 170 ist ein extremer Fall bei zunehmender Vergrößerung wiedergegeben, wobei die letzte deutlich eine von entartetem Eutektikum aus Magnesium-

Abb. 167. Wellige Anordnung der „Eutektoid"-Zeilen in einer Preßstange, Längsschliff, 10 ×.

mischkristall und Al_2Mg_3 gebildete Insel erkennen läßt, die gegen das Magnesium durch einen „Eutektoid"-Saum abgegrenzt ist. In solchen

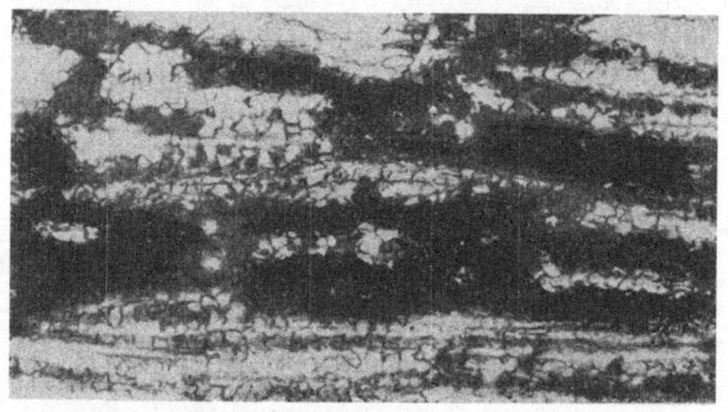

Abb. 168. Wie Abb. 167, stärker vergrößert, 50 ×.

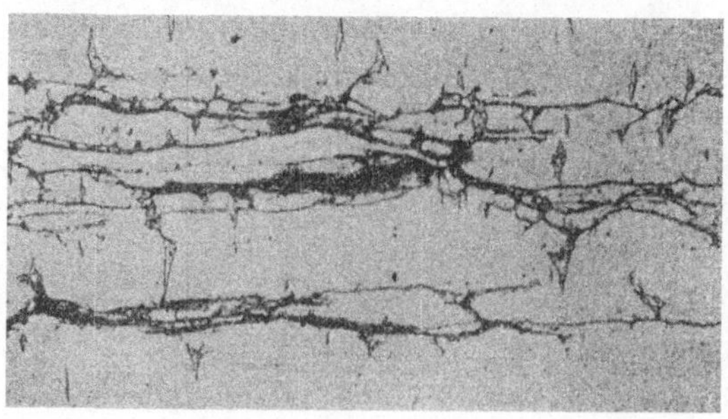

Abb. 169. Ungewöhnliche „Eutektoid"-Ausbildung mit eingelagerten Inseln von Al_2Mg_3, 10 ×.

übersättigten Zonen geht das Metall bevorzugt zu Bruch. Man wird
die Risse immer wieder im „Eutektoid" und Al_2Mg_3 finden (Abb. 171).

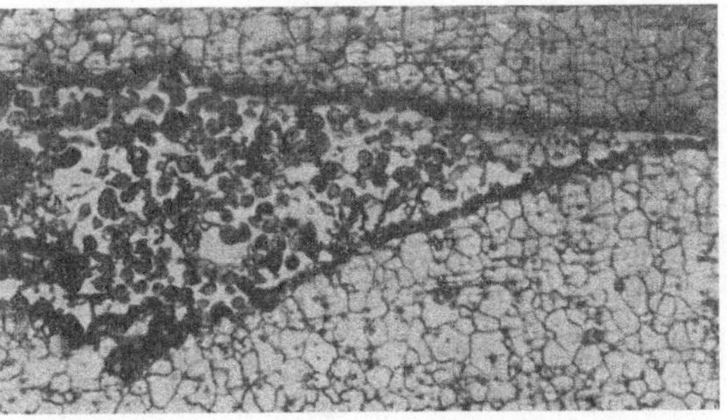

Abb. 170. Wie Abb. 169, stärker vergrößert, 375 ×.

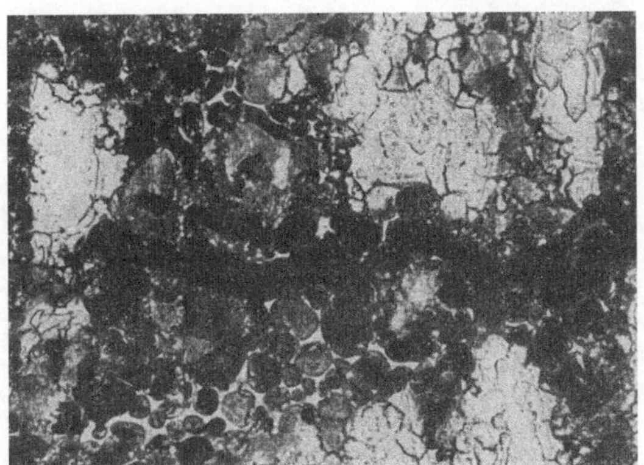

Abb. 171. Riß in „Eutektoid"-Zone. Aus einem Zerreißstab, 200 ×.

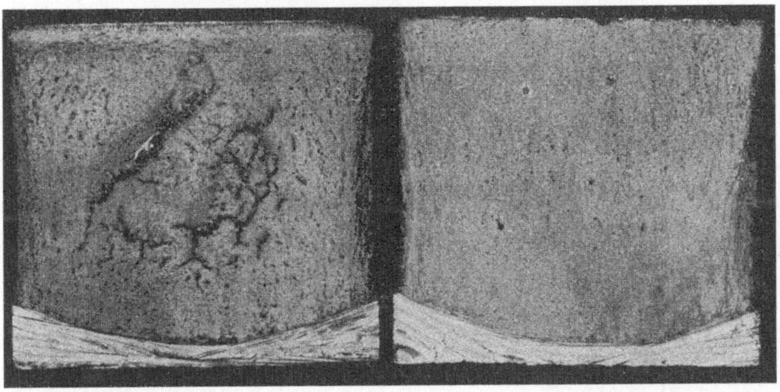

Abb. 172. Preßstange mit „Eutektoid"-Zeilen, vor und nach dem Homogenisieren gebrochen,
natürliche Größe.

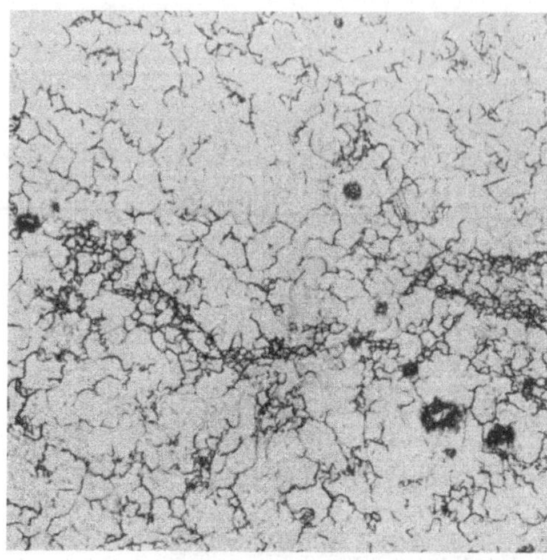

Abb. 173. Querschliff der Preßstange von Abb. 172 links, 175 ×.

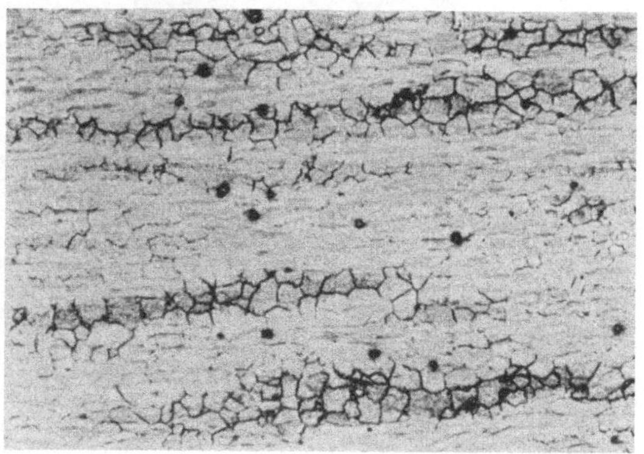

Abb. 174. Übersättigte Zonen
mit starken Korngrenzenausscheidungen, 200 ×.

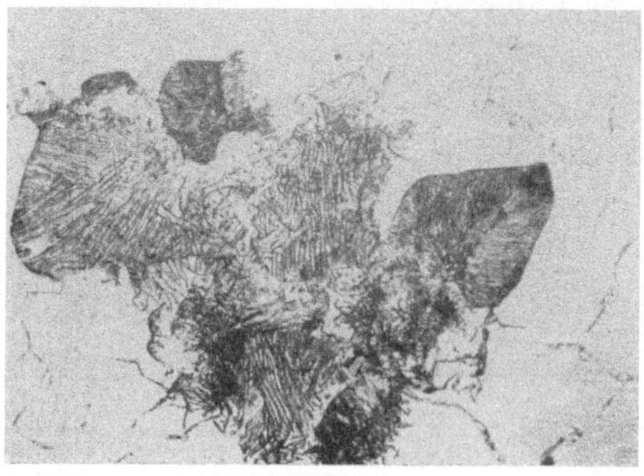

Abb. 175. „Eutektoid"-Zonen,
innerhalb der Körner mit glatten Grenzen wachsend.

Man sieht daran die in der hohen Sprödigkeit begründete Empfindlichkeit sowohl des „Eutektoids" als des Al_2Mg_3 gegen jede plastische Verformung in der Kälte, wie sie besonders beim Zugversuch aufgezwungen wird. Hierdurch wird zumal die Bruchdehnung sehr beeinträchtigt, da durch das gleichzeitige Zubruchgehen dieser Zonen eine große Zahl von inneren Kerben entsteht. Es ist deshalb für den Verarbeiter unumgänglich notwendig, durch ausreichendes Homogenisierungsglühen der Gußbolzen derartige Zonen im Strangpreßmaterial zu vermeiden.

Beim Gewaltbruch können jedoch auch solche Stellen, die zwar mikroskopisch als gut homogenisiert erscheinen, aber noch eine gewisse Seigerung an den Stellen aufweisen, wo das Al_2Mg_3 in Lösung gegangen ist, sich durch ausgeprägte Risse bemerkbar machen. Diese führen dann leicht zu dem Fehlschluß, daß hier starke Oxydhäute vorliegen. Abb. 172 zeigt eine Vierkantstange im Bruch mit solchen Rissen, die auch Holzfaserbruch[1] genannt werden, und einen Bruch der gleichen Stange nach nochmaliger Homogenisierung bei 400°. Im Schliffbild sind die zu diesen Rissen führenden Stellen nur durch zum Teil kleineres Korn und ausgeprägtere Korngrenzen zu erkennen, was beides auf eine höhere Aluminiumkonzentration in den Mischkristallen dieser Zonen hindeutet (Abb. 173 und 174).

Das „Eutektoid" wächst wie im Guß so auch hier im verformten und rekristallisierten Werkstoff mit scharfen, glatten Grenzen in die

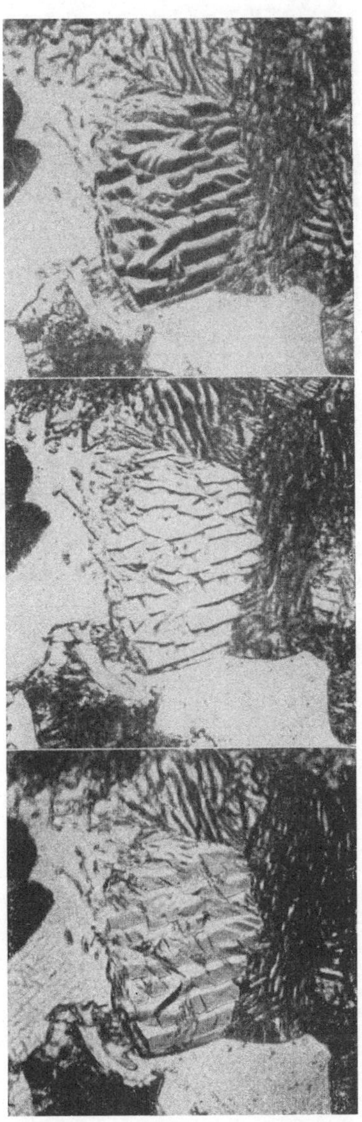

Abb. 176. „Eutektoid" aus einer Preßstange, im normalen und im Schräglicht mit um 180° wechselnder Einfallsrichtung, 850×.

---

[1] Ein weiteres besonders krasses Beispiel von Holzfaserbruch siehe S. 133, Abb. 249.

Magnesiumkörner vor (Abb. 175). Daß es sich um Plättchen handelt, zeigt Abb. 176 bei normaler Beleuchtung und bei um 180° wechselndem

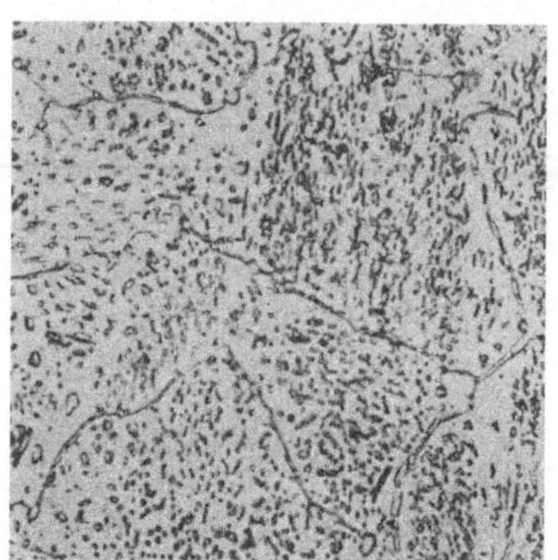

Abb. 177. „Eutektoid“-Gefüge, ¹/₂ Stunde dicht über der Löslichkeitslinie geglüht, 900×.

Schräglicht. Ebenso wie im Guß ließ sich auch im Preßgefüge das „Eutektoid“ leicht in Lösung bringen. Abbildung 177 gibt ein „Eutektoid“-Gefüge wieder, dessen Al_2Mg_3-Lamellen durch eine nur sehr kurze Homogenisierungsglühung ihren lamellaren Charakter schon teilweise verloren haben. Ähnlich, wie sich bei der Normalisierungsglühung von Stahl der streifige Perlit in kugeligen Zementit verwandelt, entstehen auch hier schließlich kleine kugelige Kristalle, die bei weiterer Homogenisierungsglühung schließlich ganz verschwinden.

8. Rekristallisation.

Das verwickelte Problem der Rekristallisation soll hier nicht aufgerollt werden[1,2]. Es sei jedoch an die bezüglich der Festigkeitseigen-

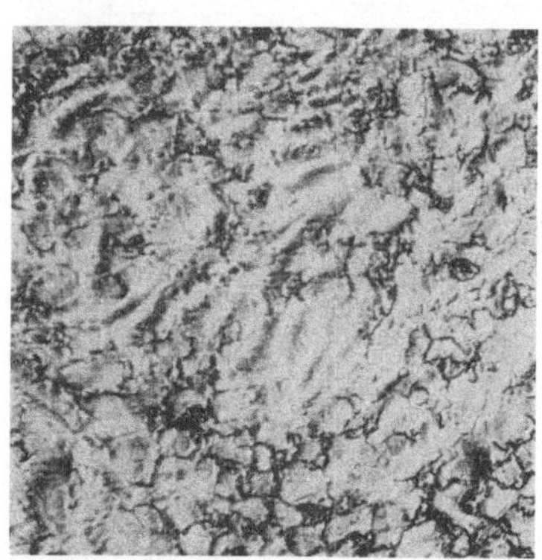

Abb. 178. Durch zu kalte Verarbeitung ungenügend rekristallisiertes Strangpreßprofil, 175×.

schaften der Legierungen wichtige Tatsache erinnert, daß die Rekristallisationstextur, also die kristallographische Orientierung der Kristalle, sowohl bei Preß- wie bei Walzmaterial der Verformungstextur entspricht[3—6].

Während wir bisher nur rekristallisiertes Gefüge im Bilde gezeigt haben, geben die folgenden Abbildungen einige Beispiele von ungenügend rekristallisiertem Gefüge wieder. Abb. 178 zeigt ein zu kalt gepreßtes Profil, im Schräglicht aufgenommen. Es sind teilweise noch die stark

---

[1] Graf, L.: Z. Metallkde. Bd. 30 (1938) S. 103.

[2] Bungardt, W., K. Bungardt u. E. Schiedt: Metallwirtsch. Bd. 17 (1938) S. 1267.

[3] Schiebold, E., u. G. Siebel: Z. techn. Phys. Bd. 69 (1931) S. 476.

[4] Cagliotti, V., u. G. Sachs: Metallwirtsch. Bd. 11 (1932) S. 4.

[5] Prytherch, W. E.: J. Inst. Met. Bd. 56 (1935) S. 139.

[6] Schmid, E., u. W. Boas: Kristallplastizität, Berlin 1935, S. 230 u. 314.

verformten und gedehnten Körner des Gusses zu erkennen, während dazwischen, an den aluminiumreichen Stellen, die Rekristallisation schon

vorgeschritten ist. Auch geringere Grade der Rekristallisation sind deutlich erkennbar; man sieht häufig in großen, ursprünglichen Primärkörnern die neuen Korngrenzen fein, aber deutlich ausgeprägt (Abb. 179). Bei aluminiumarmen Legierungen, also zumal bei der Legierung Mg-Al 3, ist die vollzogene Rekristallisation in ihren Anfängen oft schwer zu erkennen, weil wenig heterogene Bestandteile auf den Korngrenzen ausgeschieden werden können. Man erhält dann Schliffe wie Abb. 161

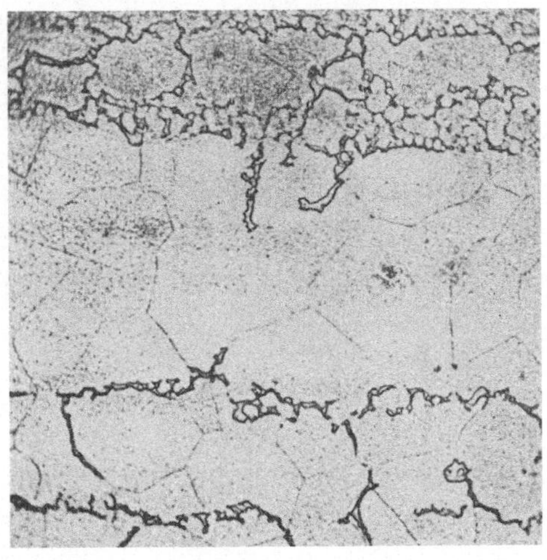

Abb. 179. Beginnende Rekristallisation, 900 ×.

mit unregelmäßig dichten Korngrenzen und vor allem einem sehr kleinen Korn, dessen Grenzen leuchtend glasig erscheinen. Auch bei höheren Aluminiumgehalten sind diese glasigen Korngrenzen stellen-

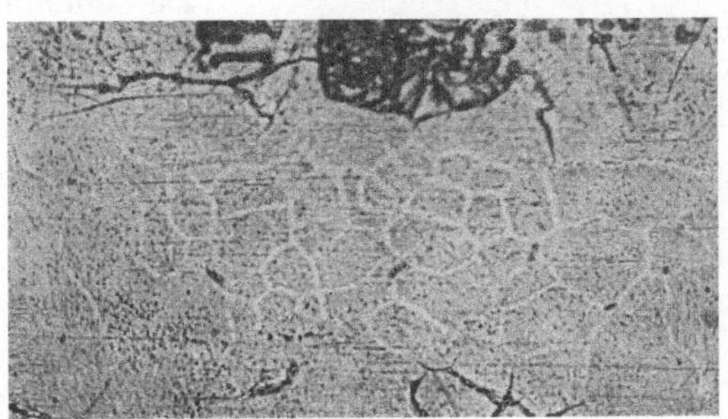

Abb. 180. Korngrenzen von rekristallisiertem Korn, noch ohne Korngrenzenausscheidungen, 900 ×.

weise zu beobachten. So zeigen Abb. 180 und 181 die gleiche Stelle im Schräglicht und im normalen Auflicht, aber bei verschiedenem Objektabstand. Dabei ergibt sich der verschiedene optische Eindruck dieser Korngrenzen, auf denen noch keinerlei Ausscheidungen zu erkennen sind. Bei fortschreitender Rekristallisation tritt auf einem Teil dieser Korngrenzen die normale Ausscheidung von Al_2Mg_3 auf;

ein Teil der Körner wird aber von seinen Nachbarn aufgezehrt, so daß schließlich im ganzen die übliche Korngröße zustande kommt, die jene

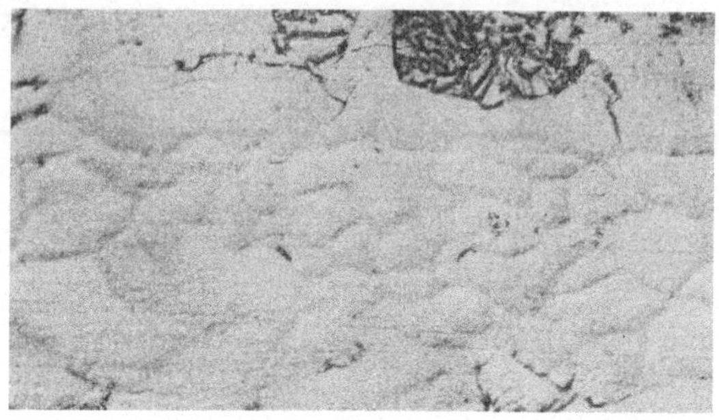

Abb. 181. Wie Abb. 180, im Schräglicht, 900×.

dieser kleinen Körner um ein Mehrfaches übertrifft. Auf Abb. 182, einer Aufnahme im Schräglicht, sind an mehreren Stellen deutlich die verschwindenden Korngrenzen einiger Körner zu sehen, die in größere Kristalle aufgehen.

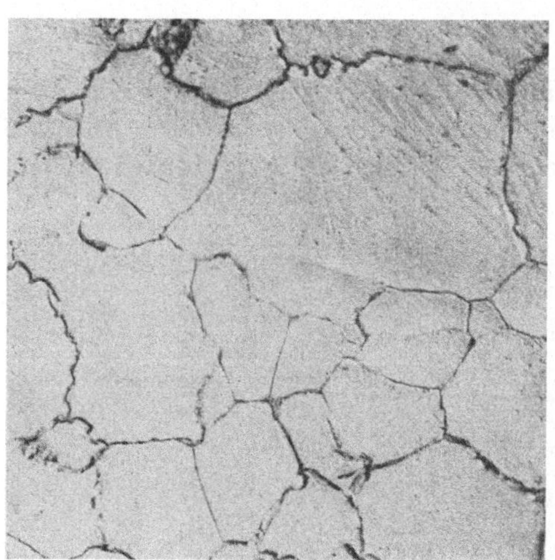

Abb. 182. Kornwachstum nach der Rekristallisation, 900×.

9. Zwillingsbildung.

Die aluminium-zinkhaltigen Magnesiumlegierungen neigen ebenso wie die binäre Mg-Mn-Legierung zu mechanischer Zwillingsbildung. Die ursprüngliche Annahme, daß es sich um einen mechanischen Vorgang des Umklappens handelt, ist weiterhin festgehalten worden[1]. Das spitze Zulaufen der Nadeln ist auf Verfestigung zurückzuführen. Diese Spitzen sind zugleich die Stellen stärkster Spannung[2]. Bei Magnesium enden die Zwillinge vielfach beim Auftreffen auf einen anderen Zwilling in einer solchen Spitze, weil hier starke Verfestigung stattfindet. Ebensooft durchkreuzen sie sich aber auch.

---

[1] Förster, F., u. E. Scheil: Z. Metallkde. 1940 S. 165.
[2] Dehlinger, U.: Z. Metallkde. 1940 S. 198.

Die Zwillinge entstehen vor allem bei Kaltverformung an gestauchtem oder kalt gezogenem Material. Da Magnesium bei normalen Temperaturen nur die eine Translationsmöglichkeit nach der Basis hat, liegt Zwillingsbildung als weitere Gleitmöglichkeit nahe. Zwillinge bilden sich aber auch im Verlauf der Rekristallisation. Entweder löst hier die umformende Rekristallisation die Verformungsspannung aus, was weniger wahrscheinlich ist, oder die anscheinend mit einer Volumenverminderung verbundene Rekristallisation[1] führt selber spontan zu Zwillingsbildung. Da man sowohl bei der Zwillingsbildung durch Verformung wie bei der durch Rekristallisation entstandenen denselben mechanischen Umklappvorgang und dieselbe Ursache, nämlich zum Abbau drängende Spannungen, annehmen muß, sind diese beiden Vorgänge nicht weiter untersucht worden, sondern werden nur gelegentlich als zwei Formen der Zwillingsbildung erwähnt[2,3]. Während man früher erstens annahm, daß nur kubische Kristalle Zwillinge bilden, und daß sie ferner nur nach Kaltverformung samt anschließender Rekristallisation entstehen[4], oder man nur Rekristallisationszwillinge erwähnte[5], ist heute sicher, daß Magnesium bei bloßer mechanischer Verformung Zwillinge ausbildet, ebenso bei genügend starken Erstarrungsspannungen bzw. Abschreckspannungen[6] — dieses auch im Guß[7] — sowie durch Rekristallisation.

Die Zwillingsbildung erfolgt bekanntlich nach den Pyramidenflächen erster Art, zweiter Ordnung $\{10\bar{1}2\}$[8]. Diese bilden mit den Basisflächen die Winkel von 46° 51′ bzw. 43° 9′. Das Umklappen erfolgt um eine hierauf senkrecht stehende Ebene, die quer durch den Kristall von Kantenmitte zu Kantenmitte verläuft[9]. Die hierbei entstehende Verlängerung der ursprünglichen hexagonalen Achse, Verkürzung des Kristalles in Richtung der Basisachsen sowie Verkürzung in Richtung der neuen hexagonalen Achse[10] sind der Grund dafür, daß die Zwillingsbildung beim Strangpreßvorgang sich nicht einstellen kann, obwohl der Druck in der Längsrichtung der Verkürzung bei der Zwillingsbildung

---

[1] Lowry, T. M., u. R. G. Parker: J. chem. Soc. Bd. 107 (1915) S. 1018.

[2] Glocker, R.: Materialprüfung mit Röntgenstrahlen, Berlin 1936, S. 339 Anm. 2.

[3] Dehlinger, U.: Handbuch d. Werkstoffpr. Bd. 2 (Berlin 1939) S. 22.

[4] Schrader, A., u. E. Wiess: Z. Metallkde. Bd. 15 (1923) S. 284.

[5] Tammann, G.: Lehrbuch der Metallkunde 4. Aufl. (Leipzig 1932) S. 185.

[6] Berglund, T., u. A. Meyer: Handbuch der metallogr. Schleif-, Polier- und Ätzverfahren, Berlin 1940, S. 255, 258.

[7] Philips, A. J.: Proc. Amer. Inst. Min. Eng. Inst. Met. Div. 1928 S. 482.

[8] Mathewson, C. H., u. A. J. Philips: Amer. Inst. Min. Met. Ing. Techn. Publ. Bd. 53 (1927).

[9] Boehme, G.: Diss. Hannover 1934 S. 13.

[10] Schmid, E., u. G. Wassermann: Z. Physik Bd. 48 (1928) S. 370.

entspricht[1-3]. Offenbar steht die Längung der Stange beim Strangpreßvorgang in Widerspruch mit der Längung der ursprünglichen hexagonalen Achse.

Während die durch Kaltverformung entstandenen Zwillinge meist
deutlich zu sehen sind (Abb. 183), treten die Rekristallisationszwillinge

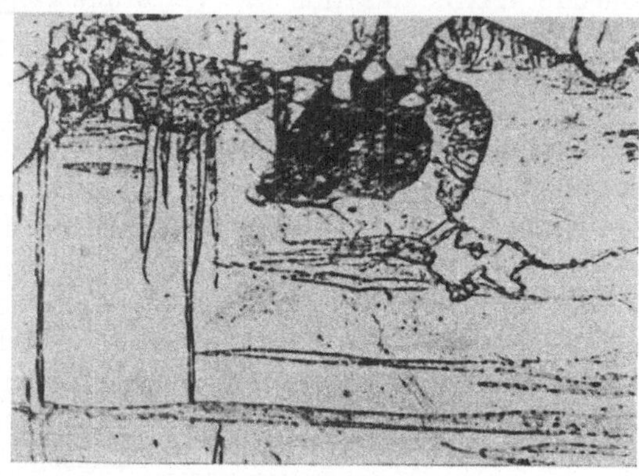

Abb. 183. Verformungszwillinge, 1000 ×.

erst durch Anlassen besonders klar hervor. Abb. 184 ist einer Rundstange entnommen, die 1 Stunde bei 300° angelassen wurde. Die Zwillinge sind sicher durch Rekristallisation entstanden; sie können, wie aus

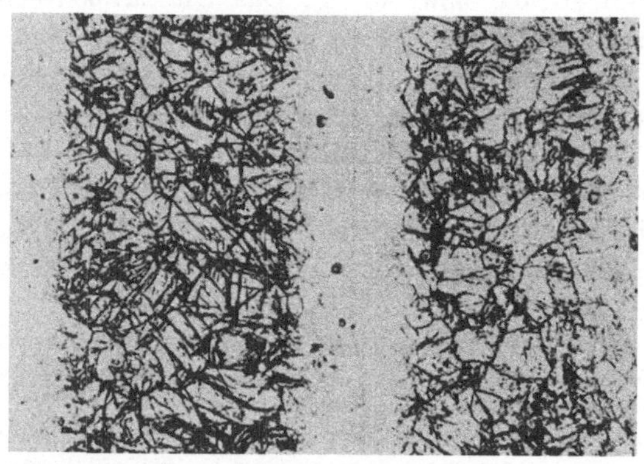

Abb. 184. Rekristallisationszwillinge in Strangpreßmaterial von Mg-Al 6, 175 ×.

dem vorher Gesagten hervorgeht, durch den Preßvorgang nicht entstanden sein. Im allgemeinen wird es aber nicht immer möglich sein,

[1] Schmidt, W.: Z. Elektrochem. Bd. 37 (1931) S. 508.
[2] Wassermann, G.: Texturen metallischer Werkstoffe, Berlin 1940, S. 130.
[3] Schmidt, W.: Z. Metallkde. Bd. 25 (1933) S. 230.

zu entscheiden, ob die Zwillinge bei der Verformung entstanden, aber unsichtbar geblieben und erst bei der Rekristallisation, etwa durch Ausscheidungen, sichtbar geworden sind, oder ob sie erst durch den erzwungenen Spannungsabbau bei der Rekristallisation erzeugt wurden. In extremen Fällen, am Rande kaltgezogenen Materials, sind die Körner völlig von Verformungszwillingen durchzogen (Abb. 185 und 186). Bei stärkerer Vergrößerung zeigen sie sich nach dem Anlassen als dicht mit pünktchenförmigen Ausscheidungen von Al_2Mg_3 besetzt (Abb. 187 und 188). Diese streifenförmigen Ausscheidungen wurden von G. Wassermann auch an Aluminiumlegierungen beobachtet. Diese Er-

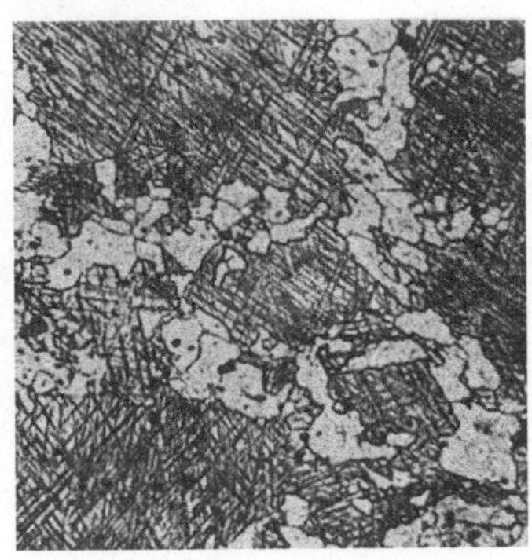

Abb. 185. Zwillinge aus gerichteter Preßstange, zur Sichtbarmachung angelassen, 100 ×.

scheinung wird von ihm auf Abschreckspannungen zurückgeführt, die gleitflächenbildende Verformung hervorrufen[1]. Die ältere Arbeit entscheidet sich in der Frage, ob es sich um Translation oder Zwillingsbildung handelt, für diese. Dieselbe Deutung findet sich schon bei

Abb. 186. Zwillinge, angelassen, 100 ×.

W. L. Fink und D. W. Smith (Literatur bei Wassermann: a. a. O.). Es ist verständlich, daß diese Zwillingsstreifen als die Zonen stärkster Spannungsanhäufung auch zuerst rekristallisieren. Auf Abb. 189 ist dieser Vorgang in verschiedenen Stadien zu erkennen.

---

[1] Wassermann, G.: Z. Metallkde. Bd. 32 (1940), S. 415, Bd. 30 (1938) S. 62.

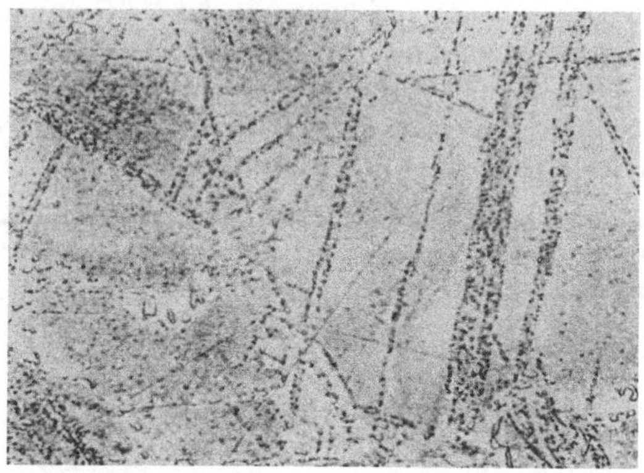

Abb. 187. Ausscheidungen auf Zwillingen, 1000×.

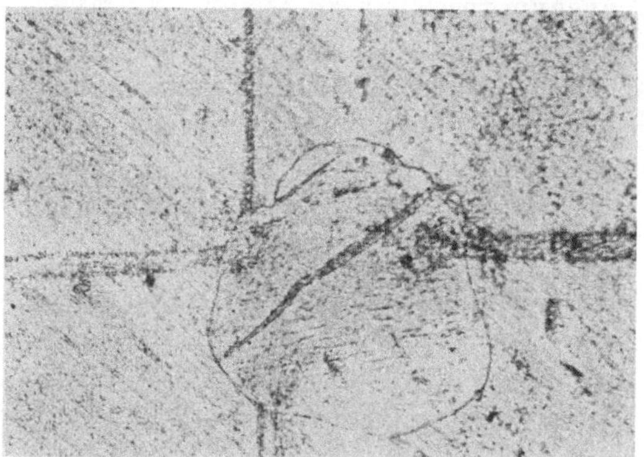

Abb. 188. Wie Abb. 187, 350×.

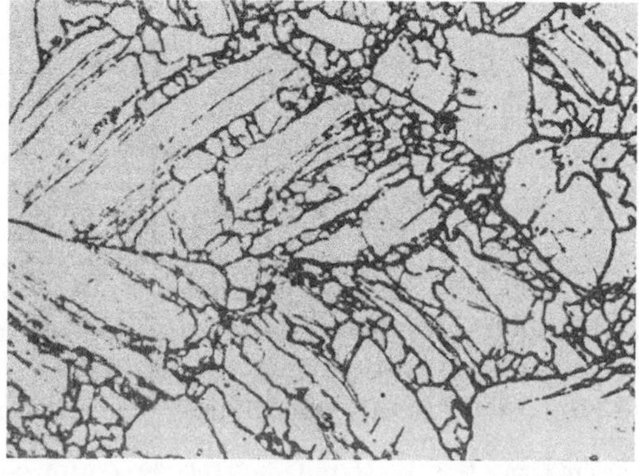

Abb. 189. Beginnende Rekristallisation auf Zwillingsstreifen, 500×.

Abb. 190 zeigt Zwillinge, die bei gewaltsamem Bruch entstanden sind. Die stärkere Vergrößerung läßt die pünktchenförmigen Aus-

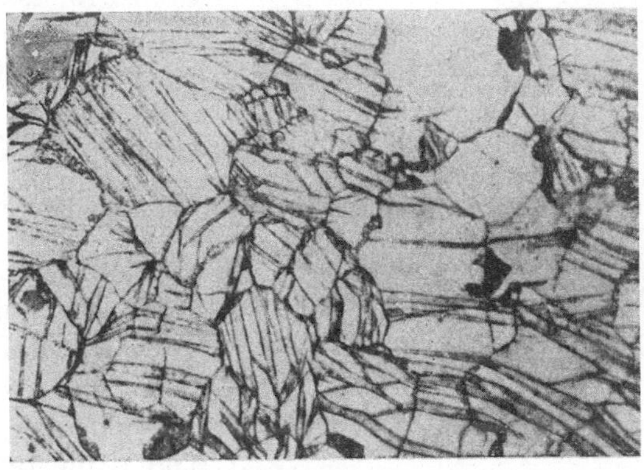

Abb. 190. Zwillinge, durch Gewaltbruch hervorgerufen, 600×.

scheidungen erkennen (Abb. 191). Während quer getroffene Zwillingslamellen sich sehr ausgeprägt und in der bekannten spießigen Form im Schliff erkennen lassen, entgehen sie bei flacher Lage zur Schlifffläche leicht der Beobachtung. Man sieht sie leichter, wenn durch eine Anlaß-

Abb. 191. Wie Abb. 190, stärker vergrößert, 900×.

glühung Ausscheidungen auf ihnen hervorgerufen werden. Abb. 192 gibt Zwillingslamellen mit deutlichen Ausscheidungen wieder, die unter ganz flachem Winkel zur Oberfläche liegen müssen. Die pünktchenförmigen Ausscheidungen sind deutlich von dem streifenförmigen „Eutektoid" unterschieden (Abb. 193).

Wo Zwillinge und „Eutektoid" gemeinsam auftreten, sind sie gewöhnlich streng nach Körnern getrennt, die entweder die eine oder die andere Erscheinung aufweisen. Ist das „Eutektoid" nachträglich entstanden und wächst bis zu den Zwillingen vor, so werden diese zur

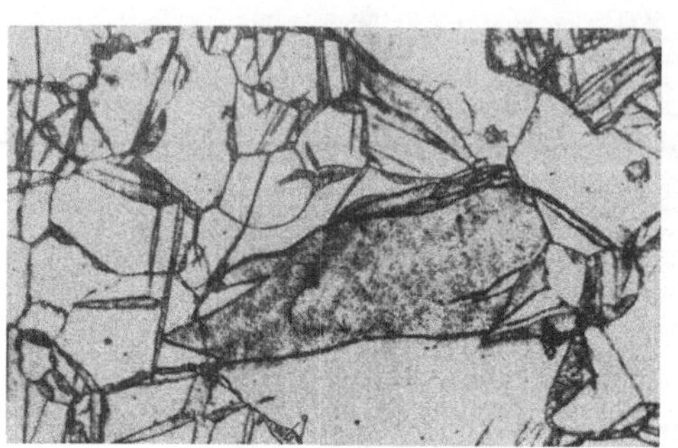

Grenze für das Weiterwachsen (Abb. 194). Umgekehrt gehen die Zwillinge nur selten in das feine Anlaß-„Eutektoid" des vergüteten Sandgusses der Gattung G Mg-Al hinein. Man muß annehmen, daß solche durch mechanische Verformung des Randes gebildeten Zwillinge später als das „Eutektoid" entstanden sind (Abb. 195).

Abb. 192. Zwillingslamelle, flach in der Schliffebene liegend, 600 ×.

Abb. 196 zeigt schließlich noch ebenfalls durch Ausscheidung sichtbar gewordene Zwillinge und einen gleichzeitig durch Rekristallisation hervorgerufenen Kornzerfall.

Abb. 193. Zwillinge, in der Schliffebene liegend, und „Eutektoid", 600 ×.

Das Anlaßgefüge in den Zwillingen selbst ist nicht vom „Eutektoidtypus", wie er auf S. 82 beschrieben und besprochen wurde; es handelt sich hier vielmehr ebenso wie bei dem durch Anlaßgefüge sichtbar gemachten Dendriten (Abb. 100) um den Fall der mikroskopisch homogenen Ausscheidung[1], nur daß diese in den Zwillingen niemals

---

[1] Bulian, W., u. E. Fahrenhorst: Z. Naturforsch. Bd. 1 (1946) S. 263.

Abb. 194. Zwillingsbildung vor „Eutektoid"-Ausbildung, 750×.

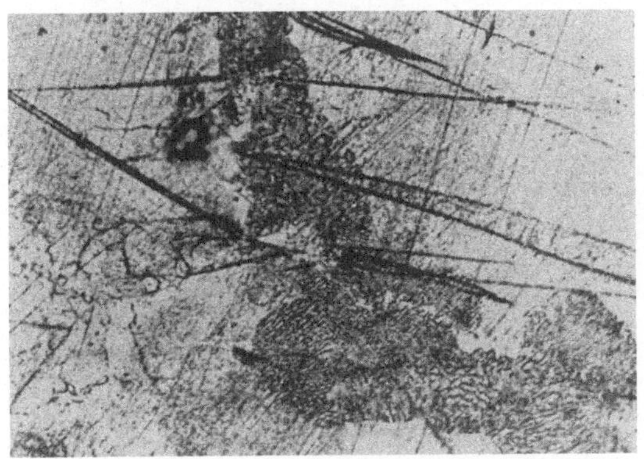

Abb. 195. Zwillingsbildung nach „Eutektoid"-Ausbildung, 750×.

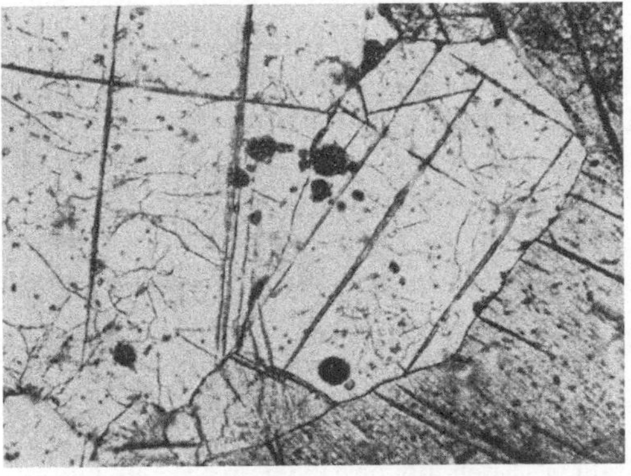

Abb. 196. Zwillinge und Kornzerfall, 100×.

in gerichteter Form, sondern nur in hochdisperser Verteilung auftritt, wie sie besonders schön die einzelne flachliegende Zwillingslamelle der Abb. 192 zeigt. Die bevorzugte Ausscheidung an Zwillingsebenen ist auch bei zahlreichen anderen Legierungen gefunden worden; sie ist wohl ganz allgemein [1—5].

10. Glühbehandlung.

Einige Erscheinungsformen wärmebehandelter Legierungen, wie Korngrenzen homogenisierter Legierungen und Anlaßausscheidungen, haben wir schon an anderen Stellen gezeigt und besprochen. Beim Anlassen unterhalb der Lösungstemperatur des Al_2Mg_3 wird das Eutektoid hervorgerufen. Setzt man das Anlassen sehr lange fort, so koaguliert

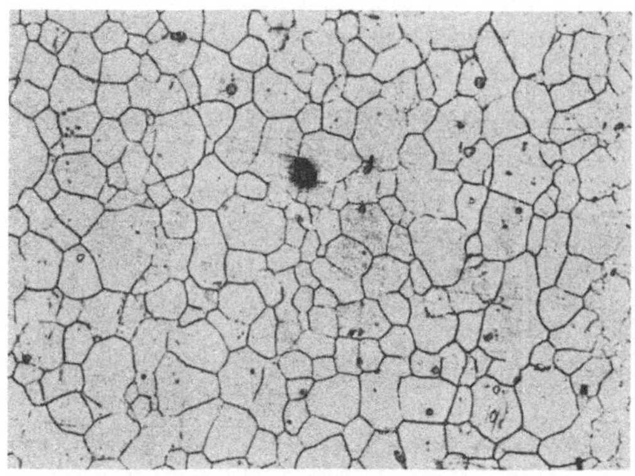

Abb. 197. Preßstange von Mg-Al 6, homogenisiert, 175×.

das Al_2Mg_3 auf den Korngrenzen in gröberen Kristallen, die nicht untereinander in Berührung sind, während im Inneren der Körner kurze, gerichtete Lamellen auftreten. Beim Homogenisierungsglühen dagegen erhält das Gefüge ein sehr gleichförmiges Aussehen, weil sich bei dieser Legierungsgruppe die einzelnen Lamellen von Al_2Mg_3, die, wie früher gezeigt wurde, den Korngrenzen das zackige Aussehen verleihen, ausgleichen. Man erhält dann glatte, gleichförmige Korngrenzen (Abb. 197). Nach sehr langem Homogenisieren sind die Korngrenzen so frei von Ausscheidungen, daß kaum eine Ätzung möglich ist, zumal solche Schliffe sich sofort beim Ätzen mit einer Oxydschicht überziehen, unter der jedoch bei starker Vergrößerung die Korngrenzen erkennbar werden.

---

[1] Hansen, M.: J. Inst. Met. Bd. 38 (1927) S. 216, an Mg-Zn-Leg.

[2] Wassermann, G.: Z. Metallkde. Bd. 30 (1938) S. 62, an Al-Cu-Leg.

[3] Schulz, E., u. G. Wassermann: Z. Metallkde. Bd. 32 (1940) S. 415, an Al-Mg-Zn-Leg.

[4] Köster, W.: Stahl u. Eisen Bd. 53 (1933) S. 894, an Fe-Leg.

[5] Köster, W.: Z. Metallkde. Bd. 22 (1930) S. 289, an Fe-Leg.

Die entstandene Ätzhaut bedeckt häufig einzelne Körner oder Körner-
gruppen, an deren Grenzen sie endet. Solche Körner heben sich dann
deutlich im Schliff ab. Die Korngrenzen der übrigen Körner sind weniger
scharf sichtbar und lassen sich manchmal nur an feinsten heterogenen
Ausscheidungen, vor allem von Man-
gan, verfolgen (Abb. 140). Überschreitet man beim Homogenisieren
eine Temperatur von 400 bis 420°,
so kommt es leicht zu Grobkornbildung durch Sekundärrekristalli-
sation, wobei die Körner vielhun-
dertfach größer werden können als
das Ursprungsgefüge. Beim Glühen
der Schliffe von Guß der hier besprochenen Legierungsgruppe rekristallisiert ebenso wie bei Reinmagnesium und Mg-Mn leicht die
polierte Oberfläche des Schliffes.
Bei der dabei vor sich gehenden
Umordnung der Kristalle werden
die Spannungen aus dem Schleif-
prozeß abgebaut. Dabei kommt es
auch zu Zwillingsbildung; einige der
neu gebildeten Kristalle treten aus
der Oberfläche heraus, wie Abb. 198
erkennen läßt.

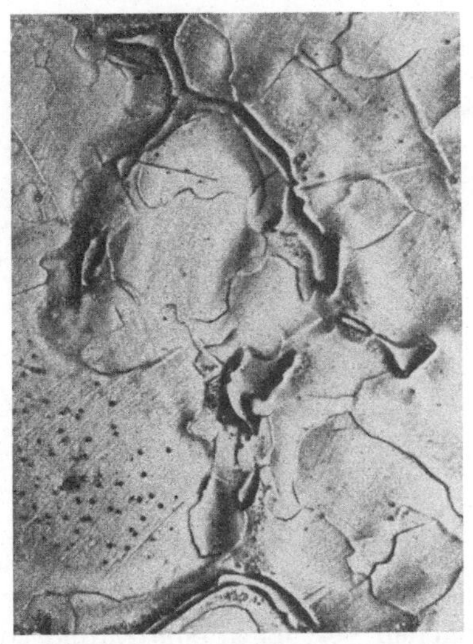

Abb. 198. Mg-Al 6 - Guß, 1 Stunde bei 400°
geglüht. Nicht neu poliert. Reliefcharakter
durch Rekristallisation der beim Polieren
mit Verformungsspannungen durchsetzten
Oberfläche, 175 ×.

Über die Geschwindigkeit der Auflösung der Al_2Mg_3-Kristalle wurde
schon früher (S. 22) geschrieben. Zum Zwecke einer späteren guten
Warmverformbarkeit gegossener Bolzen, z. B. zum unmittelbaren Warm-
walzen, ist es dagegen notwendig, über die mit dem Mikroskop feststell-
bare Homogenität hinaus die Glühbehandlung fortzusetzen, da Versuche[1] ergaben, daß die Warmverformbarkeit dieser Legierungsgattung
auch nach erreichter mikroskopischer Homogenität noch merkbar
anstieg. Sie änderte sich ebenso wie die Gitterkonstante erst nach dem
völligen Abbau der Konzentrationsunterschiede in den Mischkristallen
nicht mehr. Es wurde gefunden, daß z. B. bei einer Homogenisierungstemperatur von 400° erst nach 8 Tagen Homogenisierungsdauer die
größtmögliche Verformbarkeit erreicht wurde. Eine Erhöhung der
Homogenisierungstemperatur um je 10° verkürzt die Dauer um jeweils
die Hälfte. Wird die Homogenisierung nur so weit durchgeführt, bis
das entartete Eutektikum eben wieder aufgelöst ist, dann besitzen
die Mischkristalle eine beträchtliche Inhomogenität, die durch die noch

[1] Bulian, W., u. E. Fahrenhorst: Z. Metallkde. Bd. 36 (1944) S. 20.

nicht ausgeglichenen Konzentrationsunterschiede hervorgerufen ist. Man kann diese besonders bei schwacher Vergrößerung schön sichtbar machen, wenn man den Schliff stark überätzt, wie Abb. 199 zeigt.

Die Homogenisierung von Anlaß- bzw. Zerfallsgefüge vom Typus des Eutektoids geht dagegen in sehr kurzer Zeit vor sich. So war nach

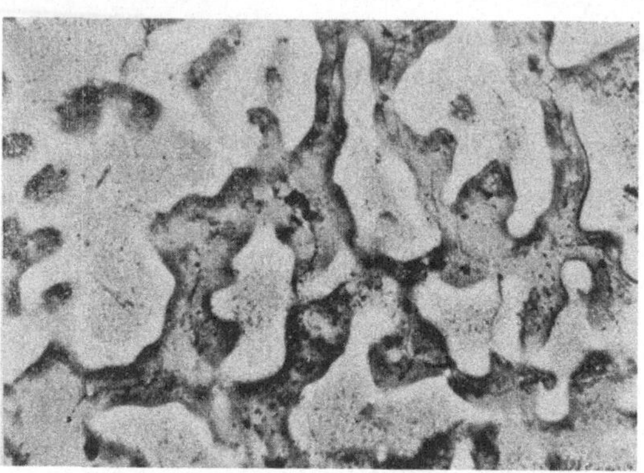

Abb. 199. Konzentrationsunterschiede in den einzelnen Kristallen bei ungenügender Homogenisierung, 175 ×.

eigenen Versuchen eine Eutektoidausbildung, die durch ein 15stündiges Anlassen bei 200° erzeugt worden war, bei einer Homogenisierungstemperatur von 400° nach 4 Minuten bereits wieder restlos verschwunden. In der gleichen Zeit war auch die durch die Anlaßbehandlung bewirkte Festigkeitssteigerung wieder vollständig rückgängig gemacht.

11. Warm- und Kaltrisse.

Warm- und Kaltrisse sind nicht immer eindeutig am bloßen Rißaussehen daran zu unterscheiden, daß jene interkristallin und diese intrakristallin verlaufen; denn auch ausgesprochene Warmrisse verlaufen nicht immer nur interkristallin (Abb. 200). Doch unterscheiden sich Warmrisse im allgemeinen durch ihren verästelten, die Körner umschließenden Verlauf von den Kaltrissen, die vorwiegend geradlinig durch das Gefüge laufen. Einen extremen Fall von Kaltriß, oder vielmehr Gewaltbruch, gibt Abb. 201. Es handelt sich um ein überwalztes Blech, bei dem das Gefüge weitgehend zertrümmert ist. Der Riß selber hat sich in Richtung der Hauptschubbeanspruchung, also unter 45° zur Blechoberfläche, in zahlreiche Verwerfungen aufgespalten. Ein derart zerstörtes Gefüge ist auch an den Stellen, an denen es nicht zu mikroskopisch sichtbarer Trennung der Kristalle gekommen ist, durch keine Glühbehandlung und dadurch hervorgerufene Sammelrekristallisation mehr zu größeren Korneinheiten zu verschmelzen.

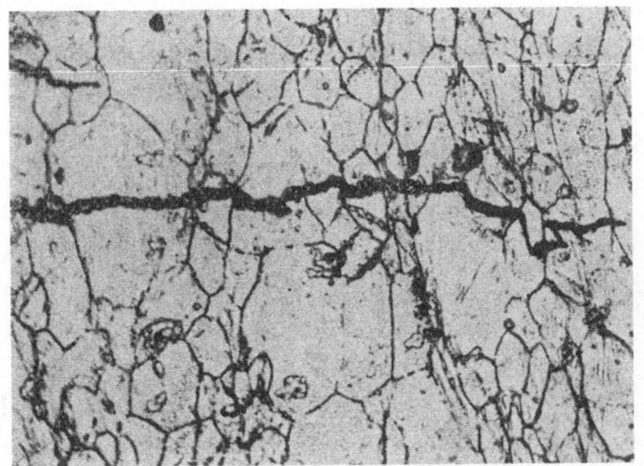

Abb. 200. Warmriß, 175×.

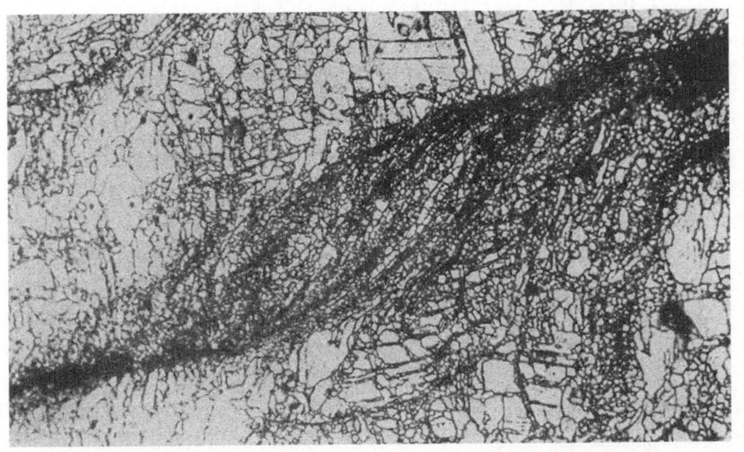

Abb. 201. Kaltriß durch Überwalzung in einem Blech, 175×.

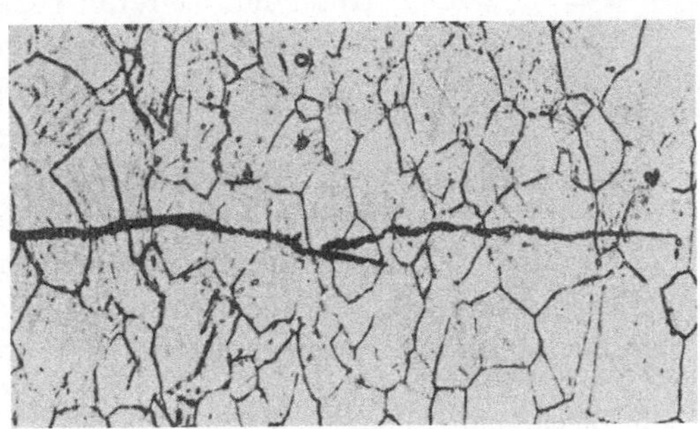

Abb. 202. Spannungskorrosionsriß, 375×.

Auch Spannungskorrosionsrisse zeigen kein anderes Bild; sie verlaufen senkrecht zur Zugrichtung, gleichgültig, in welcher Richtung der Probeblechstreifen dem Blech entnommen ist. Es· sind intrakristalline Gewaltbrüche (Abb. 202). In solchen Fällen hat auch ein ausgesprochen zackiger Verlauf des Risses nichts mit dem Korngrenzenverlauf zu tun, sondern ist in der Orientierung der Kristalle begründet. Die Vermutung, daß solche Risse parallel zu den Zwillingsebenen verlaufen[1], wird von L. Graf nicht bestätigt[2].

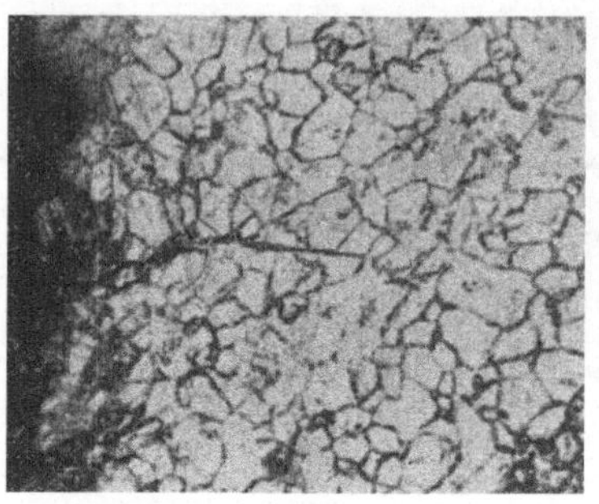

Abb. 203. Dauerbruch, 350×.

Dasselbe Bild zeigen Dauerbrüche; auch hier handelt es sich wieder um intrakristalline Brüche, wie Abb. 203 am Beispiel eines soeben entstehenden Dauerbruches erkennen läßt.

12. Oxydhäute.

Es kommt gerade bei Walzplatten vor, daß Risse erst bei erneutem Walzgang nach der Zwischenglühung sichtbar werden. In diesem Falle haben sich die Risse während der Zwischenglühung mit Oxyd gefüllt (Abb. 204). Diese Erscheinung darf nicht mit Oxydhäuten verwechselt werden, die aus dem Guß stammen. Diese strecken sich bei der Verformung zeilig, wie alle Fremdeinschlüsse. Sie sind häufig Ursache bevorzugter Rekristallisation mit kleinem Korn, weil sie selber und die in der Regel in ihrem Gefolge auftretenden weiteren Verunreinigungen vermehrte Korngrenzensubstanz liefern (Abb. 205 und 206). Manchmal sind sie so fein und erscheinen dabei wie Korngrenzen, daß man im Zweifel sein kann, ob man überhaupt Oxydhäute vor sich hat (Abb. 207;

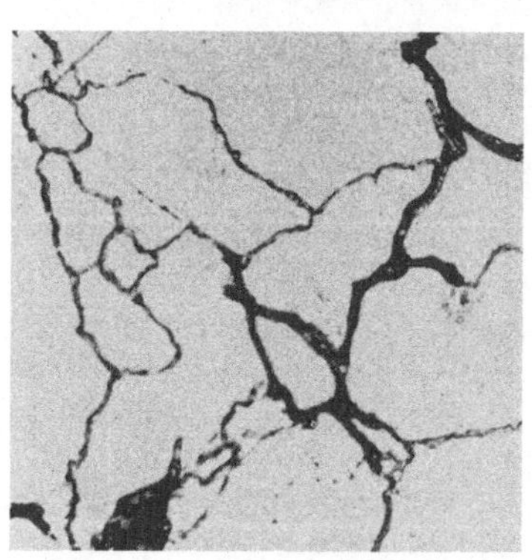

Abb. 204. Oxydhäute, durch nachträgliches Glühen in Warmrissen entstanden, 650×.

siehe auch S. 86). Diese feinen Oxydhäute passen sich beim Verpressen dem Fluß des Metalls an und strecken sich. Bei der anschließenden

[1] Siebel, G.: Jb. dtsch. Luftf.-Forschg. 1937. S. 528.
[2] Graf, L.: Jb. dtsch. Luftf.-Forschg. 1939 S. 613.

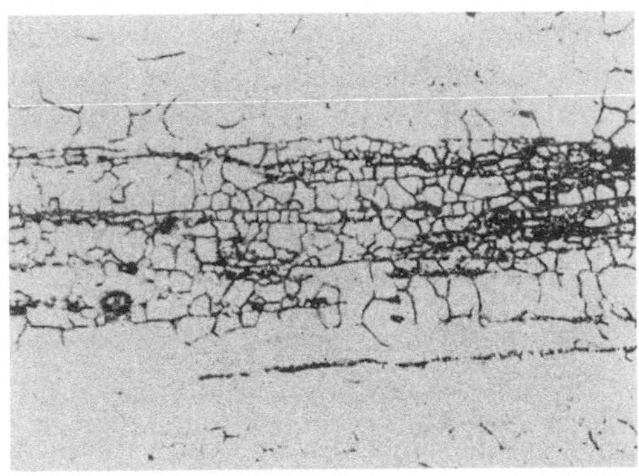

Abb. 205. Durch Oxydhäute verursachte feinkörnige Rekristallisation, 175 ×.

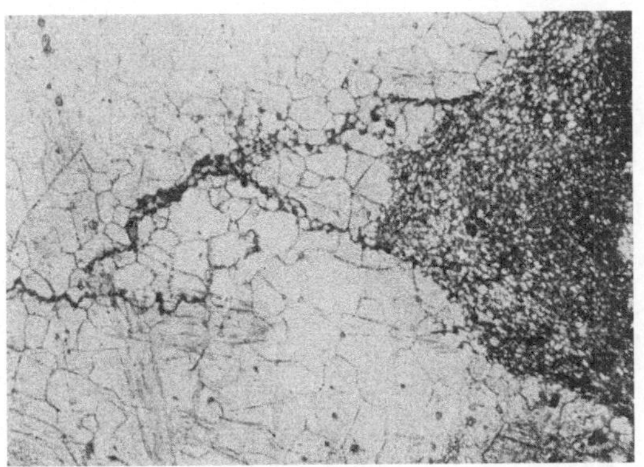

Abb. 206. Sehr fein rekristallisiertes Korn, entstanden durch Verunreinigungen, 150 ×.

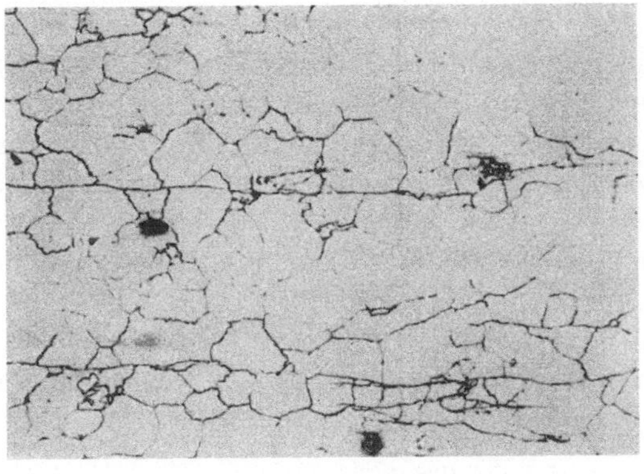

Abb. 207. Feinste Oxydhäute, 600 ×.

Rekristallisation wirken sie wie bereits vorhandene Korngrenzen, an denen die rekristallisierenden Körner am weiteren Wachstum gehindert werden. So ist es oft sehr schwer, die Oxydhäute, die ebenso fein sind wie die mit Ausscheidungen von Al_2Mg_3 besetzten Korngrenzen, von diesen zu unterscheiden und überhaupt im Schliff zu erkennen. Bei starker Vergrößerung unterscheiden sie sich durch pünktchenförmige Fremdbestandteile. Gerade solche dünnen, zeiligen Oxydhäutchen bedeuten Stellen, die bevorzugt zu Bruch gehen.

13. Schalen- und Blasenbildung.

Schalenbildung, wie sie Abb. 250 zeigt, kann durch das Auftreten von Zonen besonders ausgeprägter umgekehrter Blockseigerung verursacht werden. Diese ergeben dann beim Strangpressen von Rund-

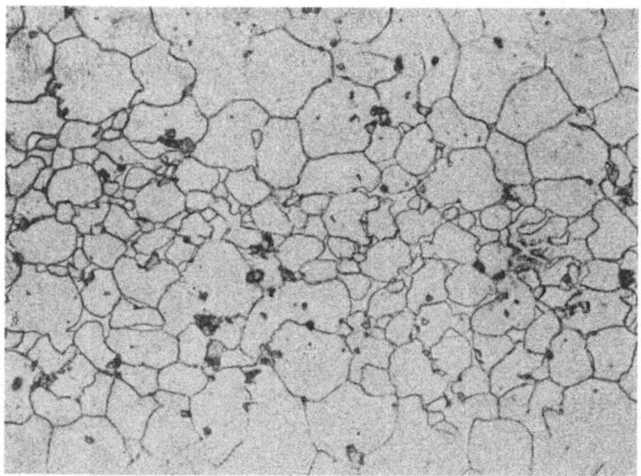

Abb. 208. Zone mit größerem Al-Gehalt in Form von Al_2Mg_3, aus umgekehrter Blockseigerung stammend, 200×.

stangen koaxiale Zylinderflächen mit teilweise erheblich höherem Al-Gehalt (Abb. 208), an denen entlang die Trennung erfolgt. Allgemein werden Verunreinigungen an der Oberfläche des Gußbolzens zu solchen Schalenbildungen führen[1], ebenso wie Verunreinigungen und Rückstände im Rezipienten der Strangpresse dieselbe Erscheinung erzeugen können[2]. Die Schalenbildung ist jedoch beim Strangpressen der Magnesiumlegierungen ziemlich selten.

Zuweilen kann man dagegen das Auftreten von Blasen an der Oberfläche von stranggepreßten Stangen bemerken. Dieser Fehler ist oft auch durch eine Art Schalenbildung verursacht, die dadurch entstanden ist, daß die stranggepreßte Stange, wie schon oben bei der Besprechung der Schalenbildung erwähnt, durch Rückstände im

---

[1] Geller, W.: Aluminium 1936 S. 350.

[2] Hoffmann-Möckel, E.: Aluminium 1939 S. 759.

Rezipienten mit einer dünnen Plattierschicht überzogen wurde. Diese Plattierschicht führt dann meist gegen das Ende der Stange hin zu teils erheblicher Blasenbildung.

Abb. 209. Oberflächenfehlstellen, zum Teil blasenförmig, natürliche Größe.

Die Blasen können aber auch noch eine andere Ursache haben; sie können erzeugt worden sein durch einen erheblichen Gasgehalt des Gußbolzens. Dieses Gas, das auch noch wenigstens zum Teil gelöst sein kann, wird bei der Warmverformung in der Matrize beim Strangpreßvorgang frei und führt hier zu Blasenbildung. Darüber hinaus werden auch die im Gußbolzen bereits vorhandenen Gasblasen, besonders wenn sie bei der Verformung in die Nähe der Oberfläche der gebildeten Stange kommen, zu Blasen führen.

Schließlich sei noch eine Erscheinung erwähnt, die wir

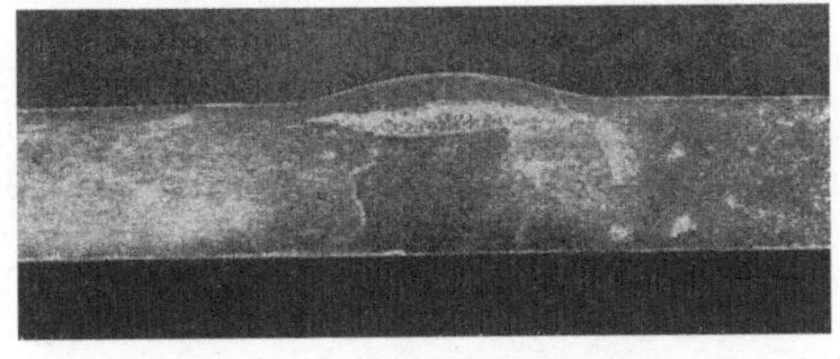

Abb. 210. Wie Abb. 209, Querschliff, 3×.

zwar nur ein einziges Mal fanden, deren Untersuchung aber gerade metallographisch reizvoll war und deshalb hier wiedergegeben sei. Auf der Oberfläche eines Flachprofils wurden blasenförmige Aufblähungen und daneben Oberflächenfehlstellen gefunden, die nach der Art ihrer Ausbildung scheinbar aufgetropft waren (siehe Abb. 209). Querschliffe durch die „Blasen" brachten nun das Ergebnis, daß man es hier nicht mit Aufblähungen durch Gas zu tun hatte, sondern daß diese Stellen metallisch ausgefüllt waren (Abb. 210). Die „aufgetropften" Stellen zeigten im Querschliff bei geringer Vergrößerung ebenfalls einen Herd von metallischen Einschlüssen, der sich durch einen Krater zur Ober-

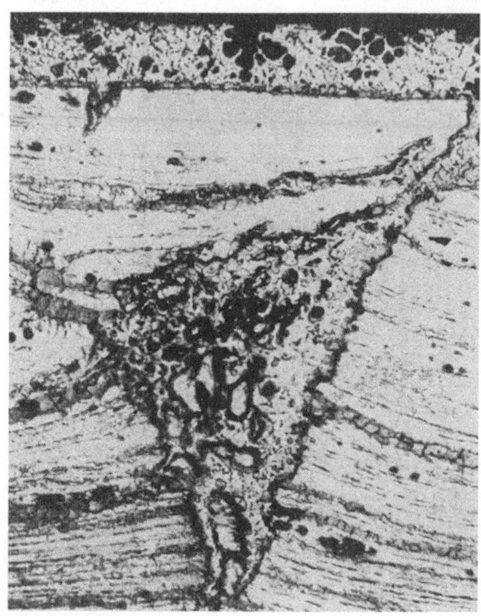

Abb. 211. Wie Abb. 210, stärker vergrößert, 175×.

fläche des Profils hin, wohl unter dem bei der Verformung in der Matrize herrschenden Druck, entleert hatte (Abbildung 211). Die an der Oberfläche sichtbare Erscheinung war also nicht aufgetropft, sondern als Eruption vom Inneren der Stange her aufgebaut worden. Mikroaufnahmen ergaben sowohl hier wie beim Inhalt der Aufblähung dasselbe Gefüge, und zwar handelt es sich im wesentlichen um ternäres Eutektikum, wie es Abb. 132 wiedergibt. Die Ursache der Erscheinung ist also wieder Restschmelze, die bei der umgekehrten Blockseigerung nicht mehr bis nach außen durchdringen konnte, sondern in der Nähe der Bolzenoberfläche in nesterartiger Anhäufung stecken geblieben war. Wenn man beim Abdrehen der Gußbolzen vor dem Strangpressen die Zone, in der diese Nester noch vorkommen, nicht mit entfernt hat, kommt es zu der beschriebenen Erscheinung.

C. Bleche.

Bleche werden, soweit sie wegen der hohen Festigkeitswerte aus der Legierungsgruppe Mg-Al-Zn angefertigt werden, fast ausschließlich aus der Legierung Mg-Al 6 hergestellt; ihre Anwendung tritt jedoch gegenüber solchen aus der Legierung Mg-Mn stark zurück. Der Grund dafür liegt wohl in der erhöhten Korrosionsanfälligkeit und vor allem Spannungskorrosionsempfindlichkeit, die sie z. B. als Beplankungsmaterial mehr oder weniger ungeeignet machen. Wo dagegen für ausreichenden Korrosionsschutz und seine Aufrechterhaltung Sorge getragen werden kann, bieten sie ihrer hervorragenden Festigkeitseigenschaften wegen ein wertvolles Konstruktionsmaterial.

Das Schliffbild (Abb. 212) von normal verarbeitetem Blech zeigt ein nahezu homogenes Gefüge. Bei gleichem Abwalzgrad ist dieses verglichen mit dem von Mg-Mn-Blechen deutlich gröber, der mittlere Korndurchmesser ist z. B. bei 1,5 mm starkem Blech mit 18—24 μ

etwa doppelt so groß wie bei einem gleich starken Blech der Legierung Mg-Mn (vgl. mit Abb. 114). Man ersieht hieraus, daß die Korngröße allein noch kein Maßstab für Festigkeitseigenschaften ist; die im Korn gröberen Mg-Al 6-Bleche sind den feinkörnigeren Mg-Mn-Blechen sowohl in bezug auf Zugfestigkeit als auch Streckgrenze und selbst Bruchdehnung erheblich überlegen.

Die Abb. 213 und 214 zeigen ein vom normalen Blechgefüge abweichendes Aussehen. Das Gefüge ist inhomogen, und zwar ist es stark

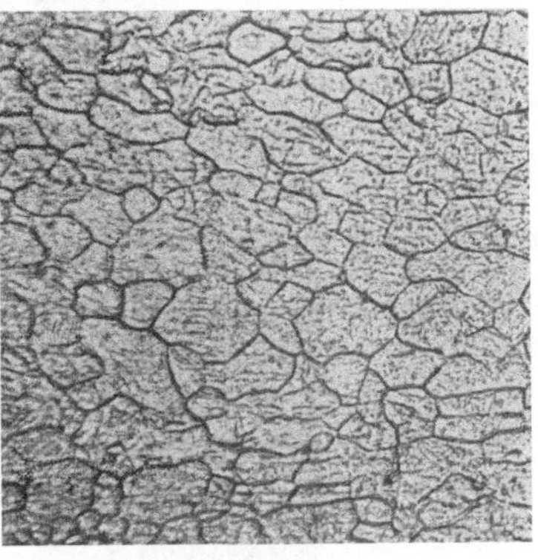

Abb. 212. Normales Walzgefüge der Legierung Mg-Al 6, Blechstärke 1,5 mm, 400 ×.

mit Al_2Mg_3-Ausscheidungen durchsetzt. Diese Ausscheidungen haben aber nicht den eutektoidähnlichen Charakter, wie er in § 4 beschrieben

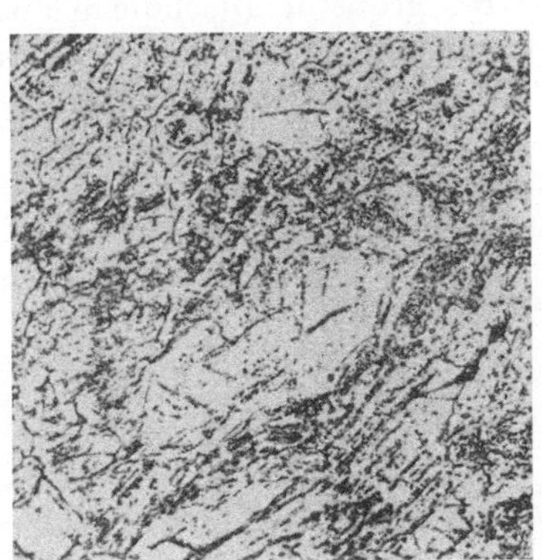

Abb. 213. Walzgefüge eines Mg-Al 6-Bleches mit Ausscheidungen auf Gleitlinien und Zwillingen. Korngrenzen schwer erkennbar, doch gleiche Korngröße wie Abb. 212, 400 ×.

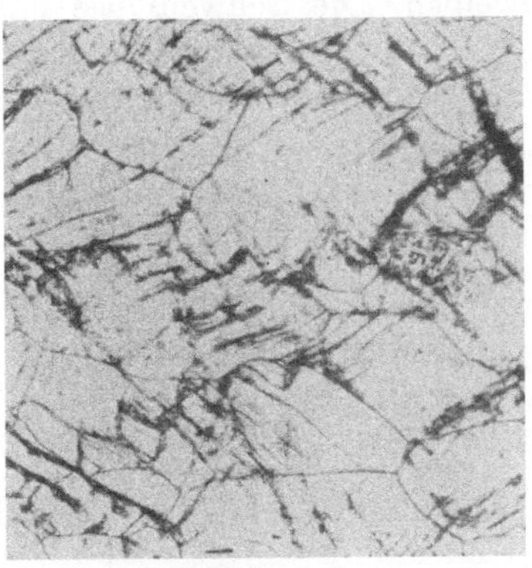

Abb. 214. Ausscheidungen im Mg-Al 6-Blech auf den Gleitlamellen. Kornvergröberung durch zu langes Nachglühen, 400 ×.

wurde; sie ähneln in ihrer kugeligen Form mehr dem Anlaßgefüge, das man beim Glühen dicht unter der Löslichkeitslinie erhält. Die Ausscheidungen bilden sich bevorzugt auf den Gleitlamellen, wie man besonders an Abb. 214 sieht. Verursacht werden sie, wenn die Schlußglühung, mit der die Bleche spannungsfrei geglüht werden sollen, bei zu niedriger Temperatur erfolgte.

D. Schweißen.

Bleche dieser Legierungsgattung werden im allgemeinen nicht autogen geschweißt, weil sie bei längeren Nähten zu Schweißrissigkeit

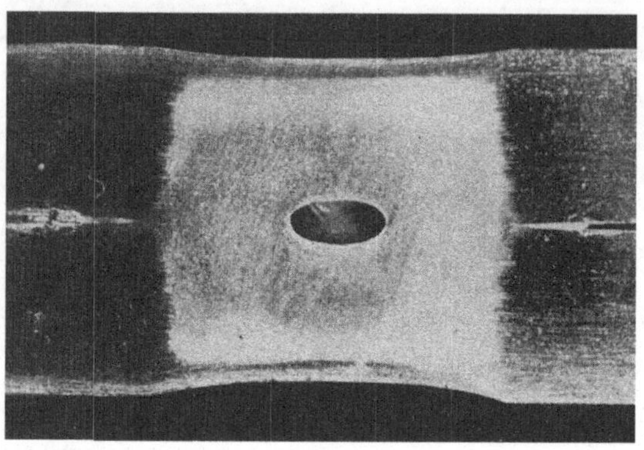

Abb. 215. Punktschweißung an dickem Blech aus Mg-Al 6, 2,5 ×.

neigen. Dagegen lassen sie sich hervorragend gut elektrisch punktschweißen. Die Schweißlinse hat zwar bei größerer Blechdicke auch wieder wie bei der Legierung Mg-Mn einen Schwindungslunker in der Mitte, doch hat dieser einen glatten Rand, wie Abb. 215 zeigt. Das

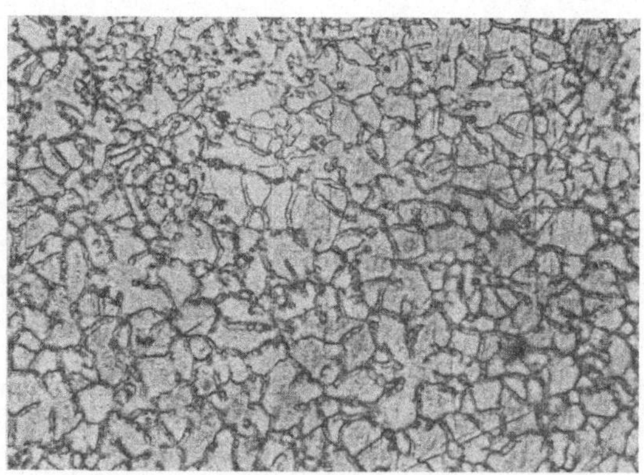

Abb. 216. Gefüge der Punktschweißung von Abb. 215, 350 ×.

Gefüge der Schweißlinse zeigt Abb. 216. Diese Gefügeausbildung erhält man immer, wenn man Schmelze dieser Legierung sehr rasch erstarren läßt, z. B. durch direktes Eingießen einer kleinen Menge in Wasser (Abb. 217), es ähnelt außerdem dem Gefüge von Spritzguß, bei dem ja ähnlich extreme Abkühlungsverhältnisse vorliegen, wie ein Vergleich mit Abb. 238 zeigt.

Die Knetlegierungen dieser Legierungsgattung gelten als „beschränkt autogen schweißbar". Die Beschränkung wird durch das Auftreten der

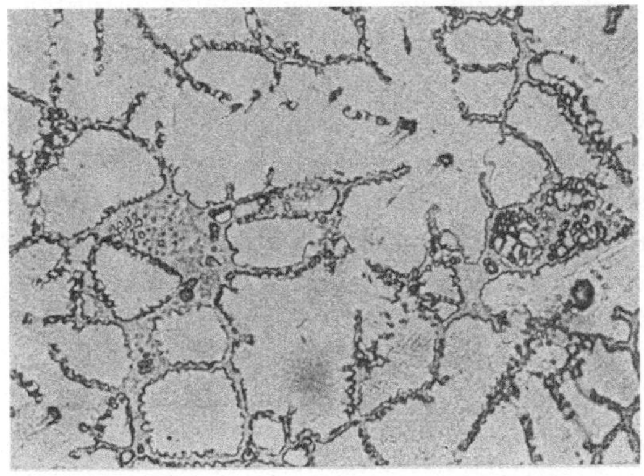

Abb. 217. Mg-Al 7, direkt in Wasser in kleiner Menge gegossen, 1000 ×.

Schweißrissigkeit auferlegt, die nach S. 68 auch bei diesen Legierungen zu erwarten ist. Wenn nun eine Hauptvoraussetzung für das Auftreten, der Schweißrissigkeit, das Vorhandensein von Schweißspannungen

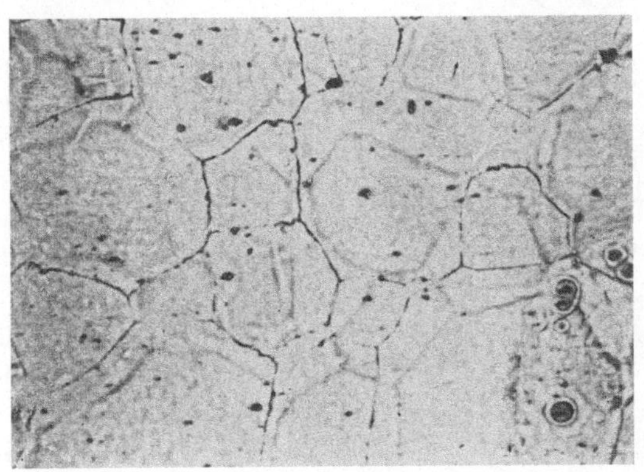

Abb. 218. Gefüge einer Gußschweißung in der Nähe der Schweißnaht, Überhitzungszone mit beginnender Neuorientierung, 150 ×.

z. B. bei sehr kurzen Nähten beim autogenen Verbinden von Profilen und Rohren, entfällt, dann lassen sich diese sehr wohl miteinander verschweißen, und der zweite Teil der oben aufgestellten Behauptung „beschränkt schweißbar" besteht dann durchaus zu Recht.

Eine Schwierigkeit bei Schweißungen an solchen Legierungen bleibt aber zum Unterschied zu den Mg-Mn-Legierungen immer die Beseitigung der Flußmittelreste an und aus den Schweißraupen, die die an sich schon geringe Korrosionsbeständigkeit dieser Legierungen bei Schweißungen noch weiter herabsetzen. Es gelang jedoch in einer besonderen Arbeitsweise, „Gießschweißung" genannt[1], eine autogene Verbindungsart zu finden, die diese Schwierigkeit nicht aufwies, recht beträchtliche Schweißfestigkeit besaß und zudem gestattete, auch Profile mit ziemlich dicken Querschnitten zu verschweißen. Dabei erhält man in unmittelbarer Nähe der Schweißnaht ein Gefüge (Abb. 218), das insofern besonders interessant ist, als es neben den alten Korngrenzen des Strangpreßprofils bereits die beginnende, unter dem Einfluß der Schweißhitze entstandene Neuorientierung mit den in Erscheinung tretenden Korngrenzen des Rekristallisationskornes erkennen läßt.

E. Schmiedeteile.

14. Allgemeines.

In diesem Abschnitt soll nicht so sehr das normale Aussehen des Gefüges nochmals gezeigt als vielmehr manches von unerwünschten Gefügezuständen besprochen werden, die sich aus fehlerhafter Ver-

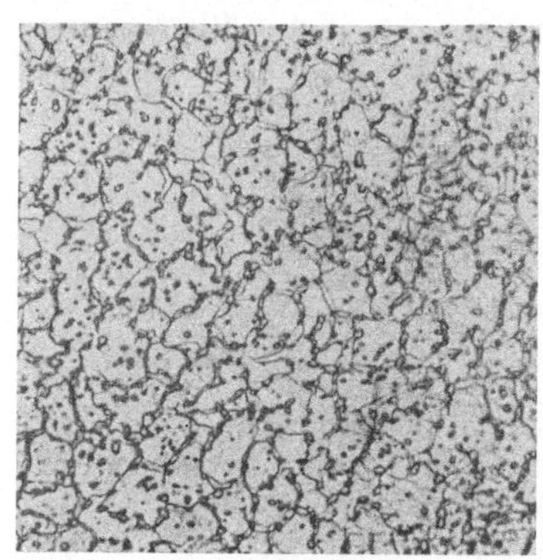

Abb. 219. Preßteil der Legierung Mg-Al 9 mit starken Korngrenzenausscheidungen, 900 ×.

arbeitung, vor allem durch falsche Schmiedetemperaturen des Vormaterials und des Gesenkes ergeben. Es ist äußerst wichtig, daß die aus stranggepreßtem Werkstoff hergestellten Rohlinge genügend homogenisiert sind und mit richtiger Temperatur in das Gesenk kommen, das seinerseits ausreichend und vor allem gleichmäßig heiß sein muß. Bei Teilen, die unter Zwischenglühung mehrmals geschlagen werden müssen, muß bekanntlich die Temperatur jedesmal etwas niedriger sein als beim vorhergehenden Schlagen, weil sonst leicht spontane Grobkornbildung eintritt[2]. Das mikroskopische Bild geschmiedeter Teile aus aluminiumhaltigen Magnesiumlegierungen unterscheidet sich natürlich grundsätzlich nicht von dem Bild gepreßten Materials. Gewisse Abweichungen ergeben sich nur daraus, daß hier bereits warmverformtes

---

[1] Bulian, W.: Z. Metallforsch. Bd. 2 (1947) S. 249.
[2] Schmidt, W.: Z. Metallkde. Bd. 25 (1933) S. 229.

Metall nochmals warmverformt wird. Es wird bei richtiger Behandlung
ein äußerst feines Korn erzielt, zumal bei der Legierung Mg-Al 7. Diese
Legierung neigt aber, wenn das gegossene Vormaterial nicht sehr sorgfältig homogenisiert ist, leicht zu sehr starken Korngrenzen, hervorgerufen durch Korngrenzenausscheidungen (Abb. 219). Schmiedet man
gegossenes Vormaterial im Gesenk, so findet bei der meist ungleich-
mäßigen Verformung eine sehr unterschiedliche Rekristallisation statt,
wobei nur in den besonders beanspruchten Zonen wesentliche Kornverfeinerung bei starken Ausscheidungen eintritt. Normalerweise wird
man deshalb für Schmiedestücke immer von stranggepreßtem Vormaterial ausgehen. Die Gefügeerscheinungen an unvollkommen homogenisierten Zonen sind die gleichen, wie sie schon ausführlich bei Strangpreßmaterial dieser Legierungsgruppe erörtert wurden.

15. Einfluß der Schmiedetemperatur auf das Gefüge.

Bei zu niedriger Schmiedetemperatur unterbleibt die Rekristallisation, wie eine Debye-Aufnahme im durchfallenden Licht mit Mo-
Strahlung einwandfrei ergibt; das Mikrogefüge eines solchen Materials

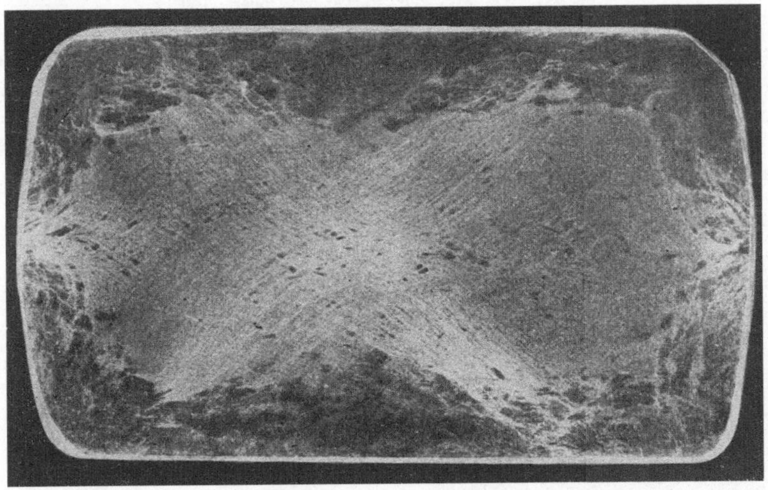

Abb. 220. Kalt geschmiedetes Preßteil mit starken Schublinien, 3×.

zeigt sich völlig durchsetzt mit zertrümmerten Zonen äußerst feiner
Ausscheidungen von Al_2Mg_3. Solche Teile haben eine geringe Bruchdehnung und geben sich gegenüber bei richtiger Temperatur verformten durch ihren helleren Klang zu erkennen. Am geätzten Schliff
solcher Stücke sieht man häufig mit bloßem Auge die Verformung in
den Richtungen stärkster Schubspannungen (Abb. 220). Bei höherer

Vergrößerung werden die schwärzlich erscheinenden Ausscheidungen auf den Schublinien sichtbar, die bis zu richtigen Rissen führen können

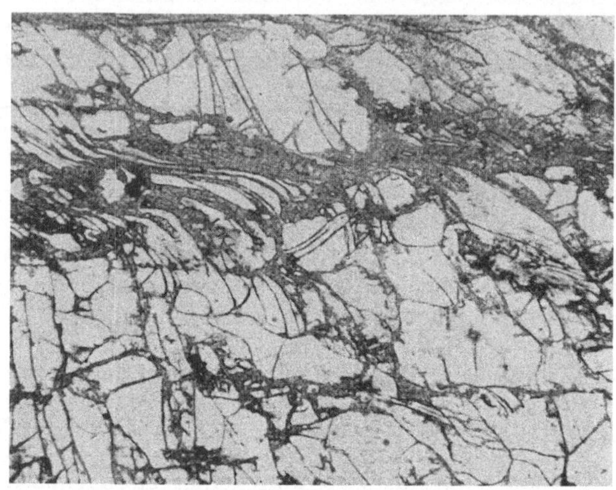

Abb. 221. Wie Abb. 220, stärker vergrößert, 100×.

(Abb. 221). Es handelt sich hierbei, wie schon früher (siehe Abb. 201) gezeigt wurde, nicht um ein sehr feines Rekristallisationskorn, sondern vielmehr um sekundäre Ausscheidungen von Al_2Mg_3, hervorgerufen an

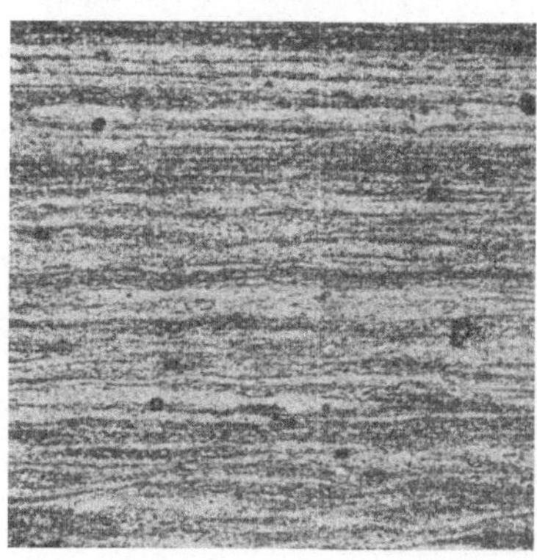

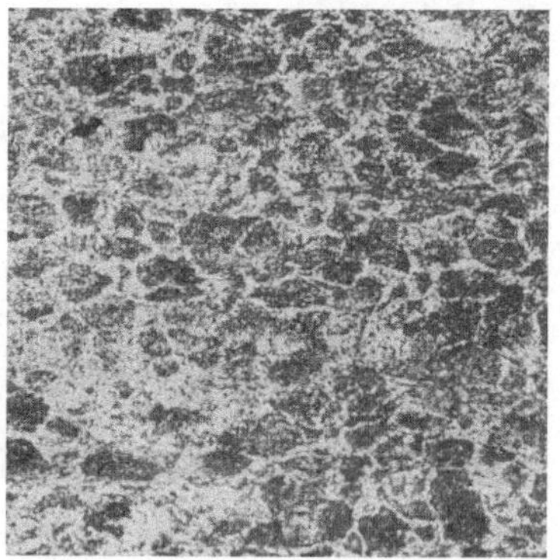

Abb. 222. Bild aus der Mitte eines zu kalt verformten Preßteils, 175×.

Abb. 223. Wie Abb. 222, Randpartie, 175×.

Stellen größter Schubbeanspruchung. Diese Ausscheidungen wie wohl auch Mikrorisse erschweren eine Rekristallisation beträchtlich. Wie bei den Aluminiumlegierungen so neigt eben auch hier der übersättigte Mischkristall bevorzugt an den Stellen zum Zerfall, an denen durch eine Verformung Störungen im Gitteraufbau vorhanden sind. Eine Rekristallisation tritt an diesen Stellen erst dann ein, wenn die Ausscheidungen durch eine Glühung über der Löslichkeitslinie wieder zur Auflösung gebracht worden sind. Je nach der Verformung und der Lage der verformten Zonen, ob auf den Schublinien oder am Rande, und je nach der Schnittlage des Schliffes bekommt man im Mikrobild Zeilen, oder die ursprünglichen Körner sind völlig von Ausscheidungen durchsetzt (Abb. 222 und 223).

16. Zwillingsbildung.

In Schmiedeteilen entstehen häufig Zwillinge, sei es während der Verformung bei zu niedriger Temperatur oder sei es auch während der

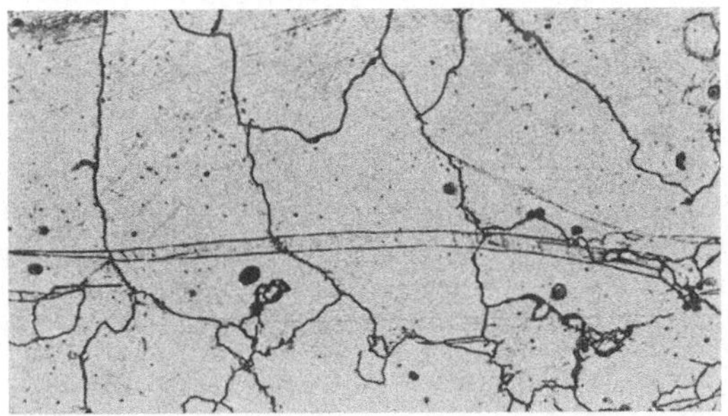

Abb. 224. Zwilling in der Legierung Mg-Al 6, durch mehrere Körner gehend, 175×.

Abb. 225. Zwillinge aus Schmiedeteil, durch Anlaßbehandlung sichtbar gemacht, 175×.

Abkühlung, die ja, zumal bei komplizierteren Teilen, an verschiedenen Stellen ungleich erfolgt und zu Spannungen Anlaß gibt. Solche Zwillinge, die durch Anlassen besonders deutlich gemacht werden können, weil an ihnen eine bevorzugte Ausscheidung erfolgt, verlaufen oft durch mehrere Körner, entweder, weil an der Stelle des Auftreffens auf eine Korngrenze die hier am Ende des Zwillings besonders starke Spannung den weiteren Verlauf ins Nachbarkorn erzwingt[1], oder weil das Nachbarkorn zu demselben primären Gußkorn gehörte, daher beim Rekristallisieren dieselbe kristallographische Orientierung behielt und so zusätzlich einem ungebrochenen Verlauf des Zwillings entgegenkommt (Abb. 224)[2]. Wo während der Abkühlung starke Spannungen auftreten, sind die Körner völlig von Zwillingen durchsetzt, die beim Anlassen sichtbar werden (Abb. 225).

17. Einfluß der Homogenisierung auf die Ätzbarkeit.

Ist das Vormaterial sehr homogen, so zeigen die Schmiedeteile die früher besprochenen geraden Korngrenzen ohne zackigen Verlauf und bei geringen Ausscheidungen (Abb. 226). Solche homogenisierten Stücke neigen dazu, sich beim Ätzen mit einer Oxydhaut zu überziehen, die eine sehr unterschiedliche Korngrenze vortäuscht. Dies rührt daher, daß die Haut mehrere Körner geschlossen überzieht, dabei aber in der Regel an den Korngrenzen endet. Kennt man aber dieses Verhalten der Häutchen im Prinzip, so läßt sich auch aus ihm

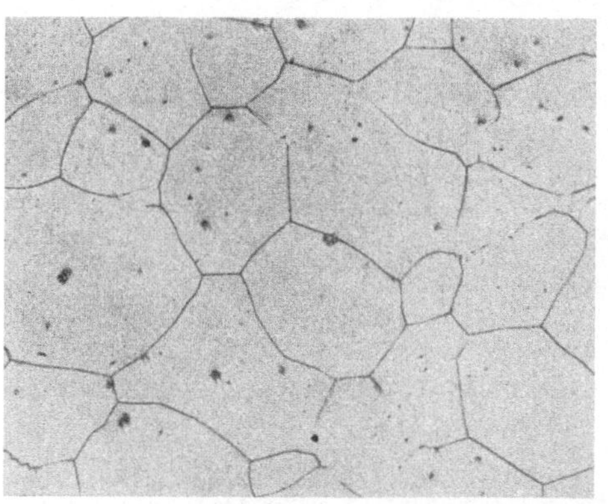

Abb. 226. Schmiedeteil aus homogenisiertem Mg-Al 9 mit geradem Verlauf der Korngrenzen, 600 ×.

die Korngröße sehr wohl beurteilen. Bei richtiger Ätzung treten die einzelnen Körner hervor.

18. Oxydhäute.

In besonderem Maße bedenklich sind in Schmiedeteilen Oxydhäute, zumal bei geringen Querschnitten, dann aber auch, wenn sie in der neutralen Faser auftreten, wo die Teile ohnedies bei starker Anreicherung der heterogenen Bestandteile zu Rissen neigen. Die Oxydhäute sind wieder ausgesprochen zeilig. Sie führen meist noch allerlei Fremdbestandteile mit sich, die bei der mehrfachen Glühung sich teilweise lösen und fein auf den Korngrenzen verteilen. Die Oxydhäute selber,

---

[1] Schmid, E., u. W. Boas: Kristallplastizität, Berlin 1935, S. 317.

[2] Vgl. Gann, J. A.: Trans. Amer. Inst. min. metallurg. Engrs. Inst. Met. Div. Bd. 83 (1929) S. 309 Abb. 1.

die in der Regel hauchdünn sind, werden zerteilt und wirken ihrerseits als hemmende Grenzen, an denen es zu bevorzugter Rekristallisation kommt. So sind die Oxydhäute mit ihren Begleitern vielfach als lange

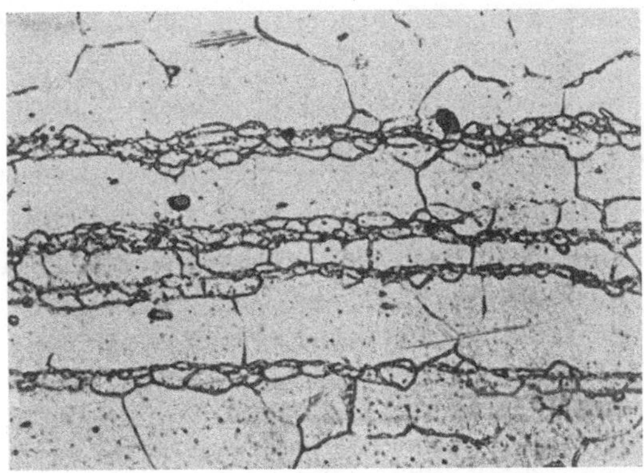

Abb. 227. Oxydzeilen, durch feinkörnige Rekristallisation der Nachbarzonen kenntlich geworden, 600 ×.

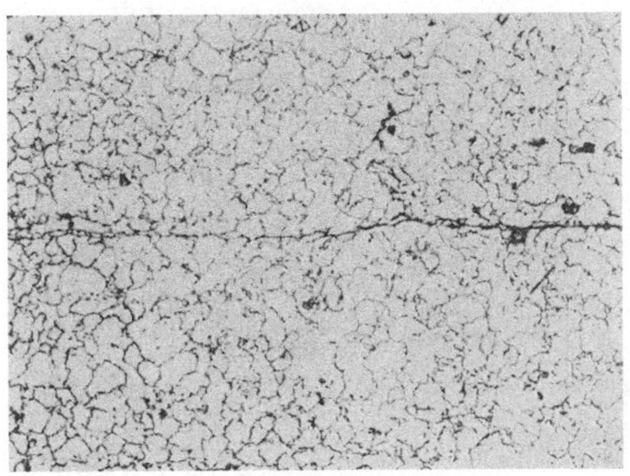

Abb. 228. Oxydzeile, 175 ×.

Zeilen kleinen Korns in dem größeren Korn des normalen Gefüges zu erkennen (Abb. 227). In der neutralen Faser verlaufen sie weit in das Stück hinein, bis sie als ganz schmale Zone sehr feinen Korns auslaufen und verschwinden (Abb. 228).

F. Sandguß.

Im großen und ganzen bietet der Sandguß für die mikroskopische Beurteilung im Vergleich zu den bisher besprochenen Legierungen nichts sonderlich Neues. Auch die verschiedenen Legierungen unterscheiden sich bei gleichen, nur im Gehalt wechselnden Legierungskomponenten nicht wesentlich voneinander. Der Gehalt an Aluminium schwankt in den technisch gebräuchlichen Sandgußlegierungen zwischen 3% und

Abb. 229. Sandguß G Mg-Al 6-Zn. In Al_2Mg_3-Zonen eine ternäre Phase, 900×.

etwa 10%, Zink ist bis zu 3% vorhanden. Über die einzelnen Legierungen unterrichtet die Tab. 1.

Man sieht im allgemeinen ein Schliffbild, wie es dem schon besprochenen Kokillenguß dieser Legierungsgruppe entspricht, wobei die Korngrenzen mit steigendem Aluminiumgehalt ausgeprägter werden. Das den Legierungen üblicherweise bis zu 0,3% beigegebene Mangan ist meist deutlich im Schliffbild zu erkennen, da seine Löslichkeit bei Anwesenheit von Aluminium nach eigenen Versuchen ganz gering und sicher unter 0,1% ist. In den Legierungen mit hohem Aluminiumgehalt treten infolge der zum Zwecke der Kornverfeinerung angewandten Überhitzung nicht selten Eisenkriställchen in der früher beschriebenen Form kleiner Sternchen auf (siehe Abb. 59). Besonders in Legierungen mit hohem Zinkgehalt läßt sich in den Primärkristallen von Al_2Mg_3 die

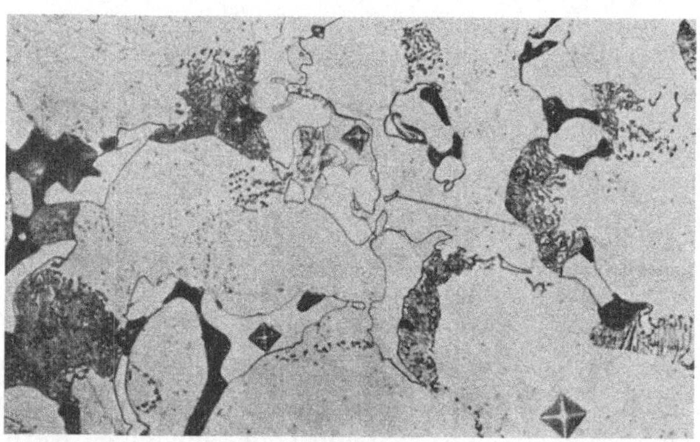

Abb. 230. Mikrohärteeindrücke in Gefügebestandteile des Sandgusses G Mg-Al 6-Zn, 500×.

bereits früher beschriebene härtere und schwach rosa erscheinende Kristallart beobachten, die sich rauh ätzt und zumal im Schräglicht hervortritt (Abb. 229). In Abb. 230 sind Mikrohärteeindrücke in einem Sandguß der Gattung G Mg-Al 6-Zn wiedergegeben. Auch hier ist der Eindruck in die ternäre Phase merkwürdig unscharf, weil sie offenbar nicht homogen ist. Die Abbildung gestattet einen Härtevergleich aller vorkommenden Bestandteile. Sie enthält 5 Mikroeindrücke, deren größter in einem der schwärzlich erscheinenden Mikrolunker Spalten-

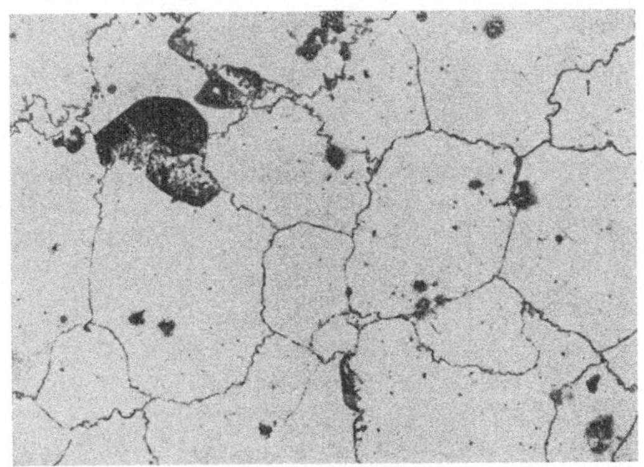

Abb. 231. Homogenisierter Sandguß der Gattung G Mg-Al, 175 ×ı

bildung senkrecht zu den Pyramidenseiten hervorgerufen hat. In den Sandgußlegierungen ist weiter als Fremdbestandteil Mg_2Si besonders häufig enthalten; es ähnelt in der unregelmäßigen Form zwischen den Körnern dem Al_2Mg_3, ist jedoch durch seine blaue Farbe unschwer zu identifizieren. Auch die Legierungen mit 8—10% Aluminium bieten

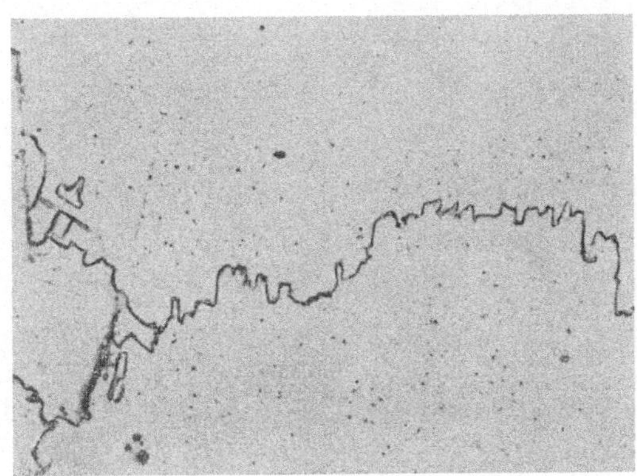

Abb. 232. Wie Abb. 231 mit einer für diese Legierung typischen Korngrenze, 600 ×.

außer reichen Korngrenzenausscheidungen von Al_2Mg_3 und je nach der Abkühlungsgeschwindigkeit auftretendem Eutektoid kein grundsätzlich neues Bild.

Bemerkenswerter ist in mikrographischer Hinsicht nur der Sandguß der Gattung G Mg-Al, weil er eine Wärmebehandlung erfährt und sowohl nur homogenisiert als auch weiterhin noch ausgehärtet verwendet wird. Durch das Homogenisieren geht das Al_2Mg_3 in Lösung, die Korngrenzen bleiben aber noch besonders ausgeprägt zackig (Abb. 231 und 232). Das Anlassen bei etwa 180° ruft ein sehr feines „Eutektoid"

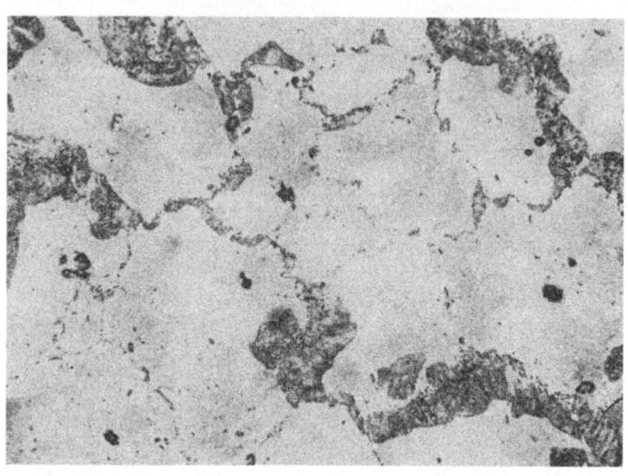

Abb. 233. Sandguß der Gattung G Mg-Al, bei 200° 10 Stunden angelassen, 175×.

hervor, wie es der relativ niedrigen Anlaßtemperatur entspricht (Abb. 233 und 234). Der homogenisierte Guß neigt sehr leicht zur Zwillingsbildung. Abb. 235 gibt eine Stelle wieder, an der in den fertigen Guß eine Nummer eingeschlagen wurde. Sandguß neigt zu Mikrolunkern,

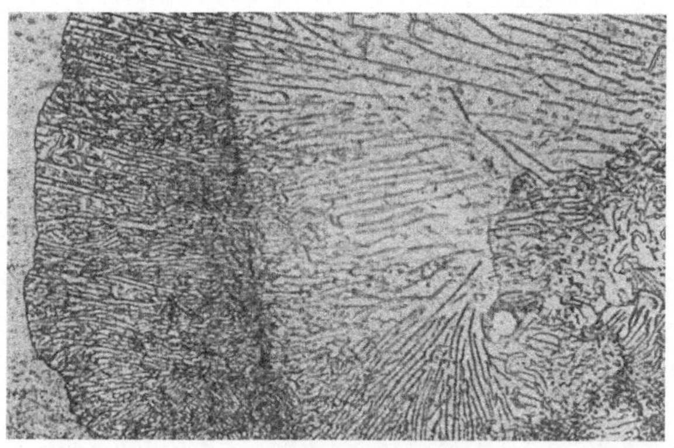

Abb. 234. Wie Abb. 233, stärker vergrößert, Anlaß-„Eutektoid", 900×.

wie sie im Kokillenguß meist nur im Erstarrungstrichter vorkommen, wo sie mit dem verlorenen Kopf beseitigt werden. Abb. 236 zeigt einen extremen Fall, bei dem die Korngrenzen dicht mit solchen Lunkern besetzt sind.

Die Bereiche solcher Mikrolunker, auch Feinlunker genannt, können

Abb. 235. Verformungszwillinge im Guß von G Mg-Al, verursacht durch eingeschlagene Nummer, 400 ×.

mit der Atmosphäre in Verbindung stehen. Nur in diesem Fall sind sie an einer Verfärbung des Bruchgefüges beim Brechen durch eine solche Stelle zu erkennen und zu entdecken. Im anderen Fall bleibt zu ihrem Nachweis nur die Möglichkeit, sie durch Röntgenaufnahmen zu lokalisieren und ihr Ausmaß durch Schliffuntersuchungen festzustellen[1,2].

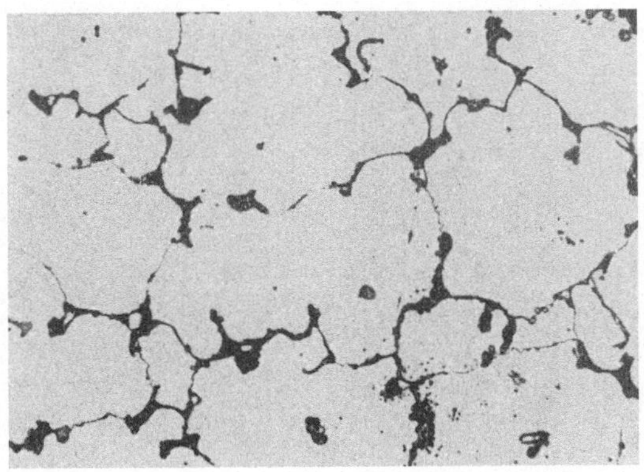

Abb. 236. Mikrolunker im Sandguß von G Mg-Al, 300 ×.

Eine Magnesiumlegierung mit 8% Aluminium wird auch zu Kokillenformguß verwendet. Ihr Schliffbild ist dem von unbehandeltem Sandguß gleich; nur ist es wegen der rascheren Erstarrung feinkörniger.

---

[1] Reiniger, H., u. J. Müller: Z. Metallkde. Bd. 31 (1939) S. 172.
[2] Lasch, L.: Magnesium Review Bd. 3 (1943) S. 42.

Anhangsweise sei noch die Sandgußlegierung mit dem eutektischen Gehalt von 1,4% Silizium wiedergegeben, obwohl sie wegen des fehlenden Aluminiums streng genommen nicht in dieses Kapitel gehört (Abb. 237).

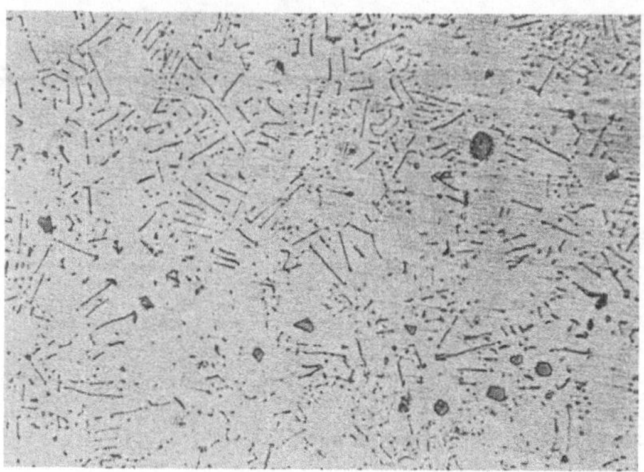

Abb. 237. Sandguß der Gattung G Mg-Si, 175×.

Man sieht neben Primärkristallen von Mg_2Si das stäbchenförmige Eutektikum. Erst beim Umschmelzen tritt dieses Eutektikum in der Form feinster nebeneinander liegender Stäbchen auf, die im Schliff den Eindruck winziger Pünktchen oder Kügelchen machen.

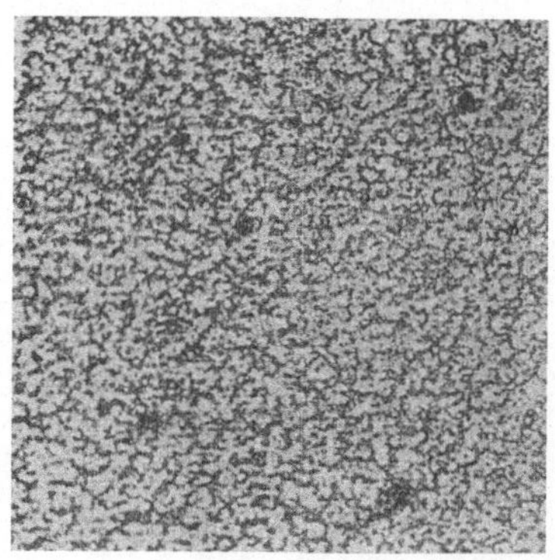

Abb. 238. Schliffbild von Spritzguß
Sp G Mg-Al 9, 200×.

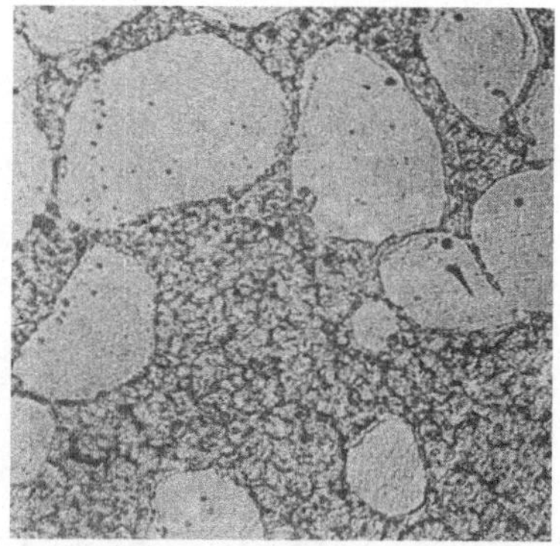

Abb. 239. Wie Abb. 238, mit großen Mischkristallen, 200×.

G. Spritzguß.

Spritzguß bietet kaum metallographische Probleme. Infolge der raschen Erstarrung ist das Gefüge sehr feinkörnig und zeigt ein stark geseigertes Gemenge mit Al_2Mg_3 zwischen den Primärkörnern (Abb. 238). „Eutektoid" wird im Spritzguß nie beobachtet und ist auch bei der hohen Abkühlungsgeschwindigkeit nicht zu erwarten. Bemerkenswert ist aber das nicht seltene Auftreten von rundlichen, sehr großen Primärmischkristallen. Ihre Entstehung ist wohl so zu denken, daß die Schmelze bei niedriger Temperatur zwischen Liquidus- und Soliduslinie verspritzt wurde, als schon diese Primärkristalle in ihr schwammen (Abb. 239). Die gleiche Erscheinung an Preßgußstücken aus der Aluminiumlegierung der Gattung Al-Mg 9 wurde von Nitsche beobachtet[1]. Nach eigenen Versuchen treten solche Riesenmischkristalle nur bei einer bestimmten mittleren Gießtemperatur auf; denn bei hoher Temperatur sind Keimzahl und Kristallisationsgeschwindigkeit zu gering, als daß sie entstehen könnten. Ebensowenig werden sie aber bei tiefer Temperatur der Schmelzen entstehen können, weil hier eine sehr hohe Keimzahl und hohe Kristallisationsgeschwindigkeit zusammentreffen. Die kritische Temperatur für den Magnesiumspritzguß, bei der solche Riesenmischkristalle entstehen können, liegt etwa bei 640—665°.

VI. Makroätzung und Bruchgefüge.

Für eine Anzahl von Fragen, wie sie an den Metallographen oft herantreten, erübrigt sich die mikroskopische Untersuchung von Schliffen, es können vielmehr einfachere Verfahren angewendet werden. Die bequemsten und schnellsten Untersuchungsmethoden dafür sind die Makroätzung und die Beurteilung von Bruchgefügen. Es soll hier an einigen Beispielen gezeigt werden, wie diese Methoden zur Ergänzung der metallographischen Arbeit auch für Magnesium und seine Legierungen mit Erfolg herangezogen werden können.

Besonders häufig wird die Beurteilung des Faserverlaufes von Schmiedeteilen verlangt, da dieser maßgebend ist für einwandfreie Festigkeitseigenschaften in bestimmten Richtungen des Werkstückes. Hierzu werden in der gewünschten Richtung Schliffe angefertigt, an die jedoch in bezug auf ihre Oberflächenbeschaffenheit längst nicht die Anforderungen gestellt zu werden brauchen wie bei Mikroschliffen. Meist genügt zur Vorbereitung der zu ätzenden Fläche ein Abdrehen oder Abhobeln sowie ein einfaches Nachschleifen auf einem Schmirgelpapier mittlerer Körnung.

Die Ätzung solcher Teile geschieht, wenn sie aus den Legierungen Mg-Al 6 und Mg-Al 7 bestehen, mit Ätzflüssigkeiten, wie sie z. B. im Kapitel II für Mikroschliffe angegeben wurden; nur muß hierbei die Ätzdauer wesentlich länger gewählt werden. Will man Makroätzungen photographieren, so verwendet man vorteilhaft ein bei uns entwickeltes Ätzmittel, das im Gegensatz zu den obengenannten die Faser der

---

[1] Nitsche, E.: Aluminium Bd. 20 (1938) S. 385.

Teile besonders stark hervortreten läßt. Wir verwendeten dazu eine Ätzflüssigkeit folgender Zusammensetzung:

1 l　　　Wasser
60 ccm Salzsäure konz.
40 ccm Essigsäure konz.
1—2 g　Kupfer-Ammoniumchlorid

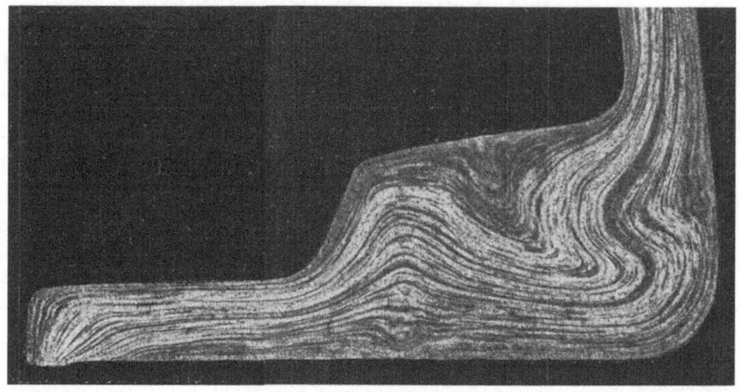

Abb. 240. Grobätzung an einem Schmiedeteil aus Mg-Al 6 mit fehlerhaftem Faserverlauf, nat. Gr.

Die Ätzdauer beträgt 10—15 Sekunden, nach dem Ätzen muß schnell und gründlich in Wasser abgespült werden. Der Faserverlauf tritt dann, wie die Abb. 240—242 zeigen, sehr klar und deutlich hervor.

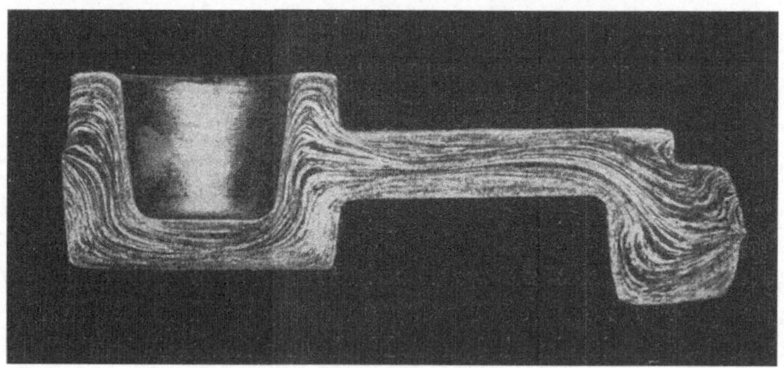

Abb. 241. Schmiedeteil aus Mg-Al 6, nat. Gr.

Ein ebenfalls für Schmiedeteile gut brauchbares Ätzmittel wurde von W. H. Dearden angegeben[1]. Er verwendet eine wäßrige, ziemlich konzentrierte Lösung von NaH_2PO_4 und $K_2Fe(CN)_6$ bei einer Ätzdauer von $^1/_2$ bis 1 Stunde; nach unserer Erfahrung mit diesem Ätzmittel

---

[1] Dearden, W. H.: Metal Ind. 1940 S. 376 und J. Inst. Met. Bd. 66 (1940) S. 85.

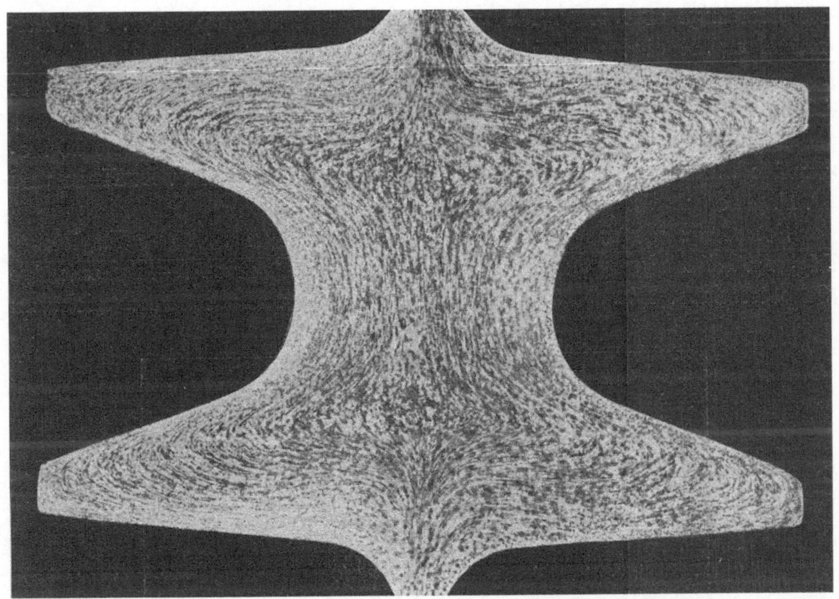

Abb. 242. Wie Abb. 241, nat. Gr.

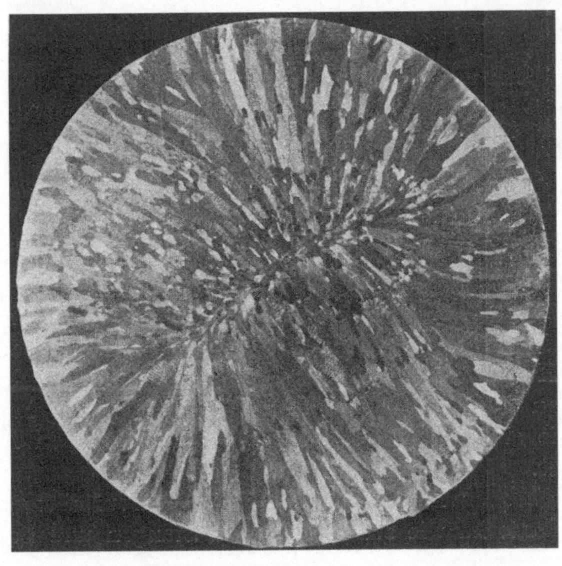

Abb. 243. Kokillengußbolzen aus Mg-Mn-Guß, 180 mm Dmr., 2½× verkl.

Bulian-Fahrenhorst, Metallographie. 2. Aufl. 9

ist allerdings eine erheblich längere Ätzdauer zu empfehlen. Das Ätz-
mittel ergibt eine gute, aber sehr zarte Tiefätzung, die alle feinsten
Einzelheiten des Faserverlaufes erkennbar macht, jedoch infolge ihrer
Kontrastarmut nicht zu photographieren ist.

Schließlich sei als Ätzmittel für Makroaufnahmen noch eine 10pro-
zentige wäßrige Weinsäurelösung erwähnt, wie sie von J. B. Hess und
P. F. George vorgeschlagen wurde[1].

Schwierig ist die Ätzung bei Schmiedeteilen aus der Legierung
Mg-Mn. Hierfür verwendet man als Ätzflüssigkeit eine 10—20prozentige
Salpetersäure. Diese Legierung ist dagegen im Gußzustand leicht zu

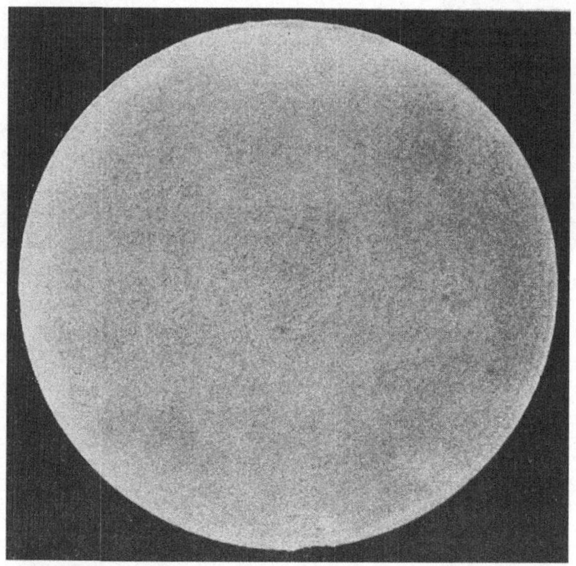

Abb. 244. Wie Abb. 243, aus Mg-Al 6, 2¹/₂× verkl.

ätzen. Abb. 243 zeigt einen Querschnitt durch einen Kokillengußbolzen
von 180 mm Durchmesser. Man erkennt die sehr grobkörnige Erstarrungs-
weise dieser Legierung, die stark zu Stengelkristallisation neigt. Demgegenüber zeigt Abb. 244 das dichte und feine Gußgefüge von Mg-Al 6
in gleicher Herstellungsart. Bei ungünstigen Erstarrungsbedingungen
bekommt man bei dieser Legierung dagegen leicht umgekehrte Blockseigerung, die sich im makroskopischen Ätzbild wie in Abb. 245 zu
erkennen gibt.

Eine sehr bequeme Methode besonders zur Beurteilung von warm-
verformtem Material wie stranggepreßter Stangen und Schmiedeteile

---

[1] Hess, J. B., u. P. F. George: Metal Ind. 1943 S. 114.

stellt die Bruchprobe dar. Wie die Abb. 246 und 247 zeigen, ergibt die Bruchprobe zunächst einmal ein klares Bild von der Korngröße des

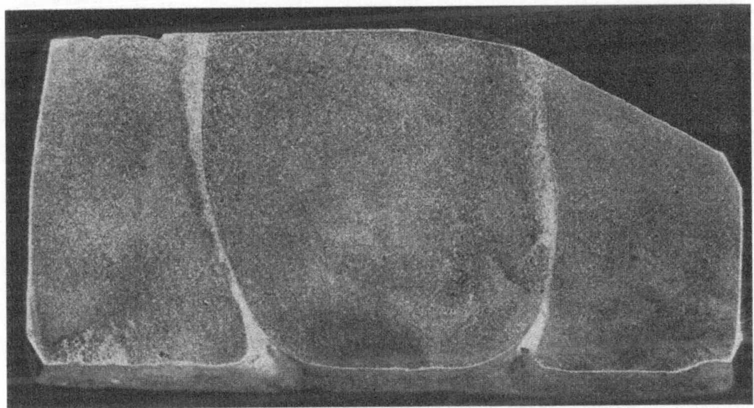

Abb. 245. Umgekehrte Blockseigerung vom Rand eines Kokillengußbolzens aus Mg-Al 6, nat. Gr.

Materials. Da diese wesentlich von der Legierung abhängt, ist damit, gleiche Herstellungsart allerdings vorausgesetzt, die Unterscheidung der

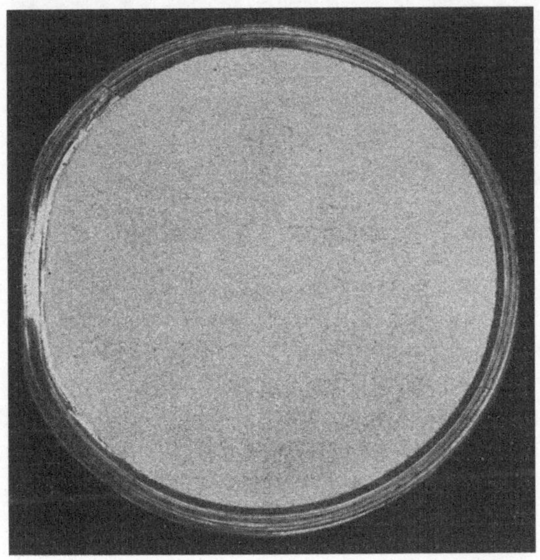

Abb. 246. Bruchgefüge einer Strangpreßstange aus Mg-Al 6 von 70 mm Dmr., nat. Gr.

Legierungen, insbesondere der Mg-Al 6 und der Mg-Mn-Legierung, möglich. Im einzelnen ist dazu noch folgendes zu sagen: Die Legierung

Mg-Al 6 hat eine viel gleichmäßigere und feinere Korngröße von der Randmitte zum Inneren als die Legierung Mg-Mn. Diese Gleichmäßigkeit kann durch herstellungstechnische Maßnahmen außerdem noch gesteigert werden[1]. Zudem ist die Korngröße bei weitem nicht so abhängig vom Verformungsgrad wie bei der Legierung Mg-Mn.

An derselben Stange zeigt die Bruchprobe am Stangenende bei allen Magnesiumlegierungen immer ein feineres Bruchgefüge als am Stangenanfang. Da mit der Feinkörnigkeit die Festigkeitseigenschaften parallel gehen, ist dem Werkstoffprüfer durch die Bruchprobe die Möglichkeit

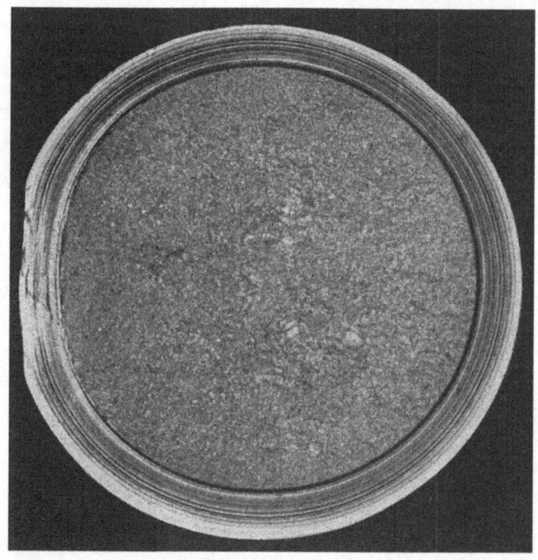

Abb. 247. Bruchgefüge einer Strangpreßstange aus Mg-Mn von 70 mm Dmr., nat. Gr.

gegeben, bei besonderen Anforderungen an die Zugfestigkeit das beste Stück der Stange zu finden, ohne weitere Festigkeitsuntersuchungen anstellen zu müssen. Schließlich zeigt die Bruchprobe noch Gefügefehler in der Stange besonders deutlich an. Abb. 248 zeigt dafür als Beispiel eine Rundstange aus Mg-Al 6, die nach dem Pressen gerichtet und danach geglüht worden ist. Durch den in diesem Fall starken Druck der Richtrollen bildete sich eine Zone kritischer Verformung aus, die bei der Rekristallisation zu Grobkornbildung führte.

Ein früher häufiger Fehler, der aber bei der neuerdings zunehmend angewendeten Homogenisierungsglühung selten geworden ist, ist der seiner Ursache nach S. 93 beschriebene Holzfaserbruch. Hiervon bringt Abb. 249 ein besonders krasses Beispiel.

---

[1] Bulian, W.: Jb. dtsch. Luftf.-Forschg. 1939 S. 610.

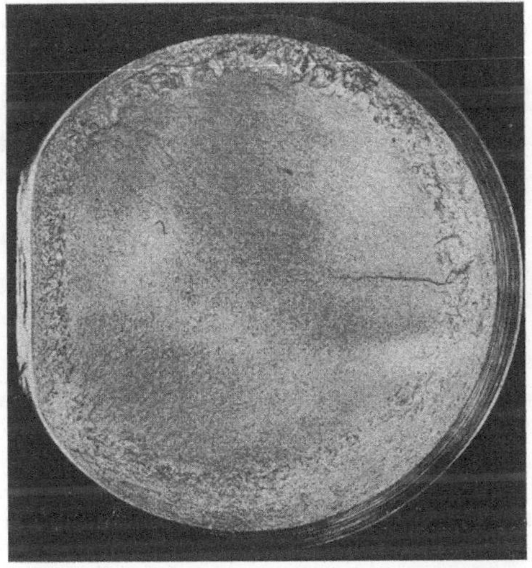

Abb. 248. Bruchgefüge einer 70 mm starken Rundstange aus Mg-Al 6,
nach dem Richten geglüht, Grobkornbildung (Bearbeitungsrekristallisation) durch Verformung beim Richten, nat. Gr.

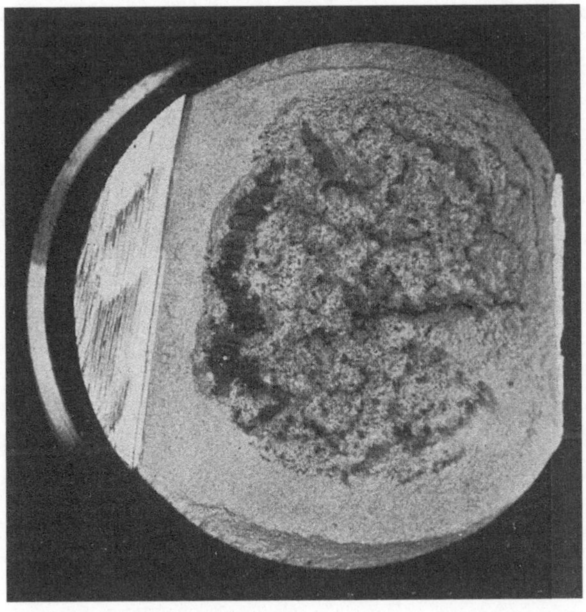

Abb. 249. Holzfaserbruch, nat. Gr.

Auch die Schalenbildung an stranggepreßten Stangen wurde schon erwähnt und ihre Ursache erläutert (siehe S. 110). Abb. 250 gibt das

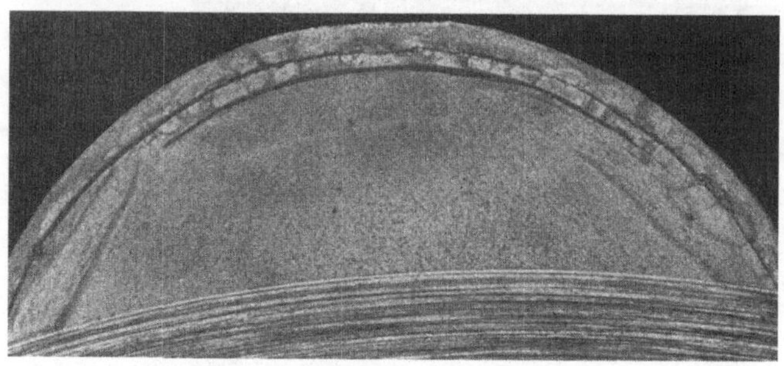

Abb. 250. Schalenbildung, nat. Gr.

Bruchgefüge einer Rundstange wieder, die eine zum Teil sogar doppelte Schalenbildung erkennen läßt.

Namenverzeichnis.

van Arkel, E. A. 62.

Bachmetew, E. F. 19.
Beck, A. 18, 24, 28, 29, 34, 39, 70.
Berglund, T. 3, 97.
Boas, W. 6, 13, 59, 94, 120.
Boehme, G. 97.
Bradley, A. J. 17, 37.
Brauer, G. 30.
Brenner, P. 75.
van Bruggen, M. G. 62.
Bulian, W. 17, 22, 24, 26, 27, 29, 30, 34, 35, 42, 47, 61, 68, 69, 70, 82, 86, 102, 105, 116, 132.
Bungardt, K. 94.
—, W. 94.

Cagliotti, V. 94.
Camescasse, P. 34.
Chubb, W. F. 30.

Darwin, C. G. 45.
Dearden, W. H. *128*.
Degischer, E. 38.
Dehlinger, U. 17, 27, 28, 96, 97.
Dullenkopf, W. 21, 28.

Esch, U. 86.

Fahrenhorst, E. 17, 22, 24, 26, 27, 30, 34, 35, 42, 61, 68, 82, 102, 105.
Fink, W. L. 28, 99.
Fisher, A. 23, 26.
Förster, F. 96.
Fox, F. A. 24, 26, 30.
Fraenkel, W. 6.
French, R. G. 7.

Gann, J. A. 84, 120.
Geller, W. 110.
George, P. F. 28, 130.
Gerlach, W. 27.
Glocker, R. 17, 97.
Goldschmidt, H. J. 37.
Golovchinew, J. M. 19.
Graf, L. 11, 43, 45, 94, 108.
Grogan, J. D. 48.
Guertler, W. 3.

Hamasumi, M. 28.
Hamburger, L. *6*.
Hanemann, H. 80.
Hansen, M. 20, 34, 48, 104.
Haughton, J. L. 23, 30, 48.
Hess, J. B. 28, 130.
Hoffmann-Möckel, E. 110.
Hofmann, W. 18, 47, 71.
Holub, L. 43.
Huber, K. 73.

Imaki, A. 20.
Ishida, S. 23.

Jan, H. 71.
Jones, W. R. 34.

Kaischew, R. 11.
Kaufmann, W. 66.
Klemm, W. 33.
Köster, W. 21, 28, 104.
Krastanow, L. 11.
Kubaschewski, O. 22.

Lardner, E. 24, 27.
Lasch, L. 125.
Laves, F. 21.
Leemann, W. G. 18.

Leitgebel, W. 22.
Liu, Y. 47.
Löhberg, K. 21.
Lowry, T. M. 97.

Mannchen, W. 30.
Masing, E. 24.
Mathewson, C. H. 97.
Mechel, R. 7.
Meyer, A. 3, 97.
Möckel, E. 38.
Möller, K. 21.
Müller, A. 14.
Müller, J. 67, 125.

Nelson, J. 27.
Nitsche, E. 127.
Nix, F. C. 13.
Northcott, L. 56.
Nowotny, H. 30.

Parker, R. G. 97.
Payne, R. J. M. 23.
Pelzel, E. 22.
Philipps, A. J. 97.
Plessing, E. 7.
Prytherch, W. E. 30, 94.
Pulsifer, H. B. 46.

Raether, H. 7.
Rahlfs, K. 21.
Raynor, G. V. 33.
Reiniger, H. 125.
Riederer, K. 21.
Röhrig, H. 43.
Roll, F. 8.
Rosenheim, W. 17.
Roth, W. 75.
Rudolph, R. 30.

Sachs, G. 94.
Sauerwald, F. 22, 43.

Sachverzeichnis.

(Die *Kursiv*zahlen geben die Nummern der Abbildungen an.)

Springer-Verlag / Berlin · Göttingen · Heidelberg

Handbuch der analytischen Chemie

Bearbeitet von zahlreichen Fachgelehrten. Herausgegeben von Prof. Dr. R. Fresenius †, Wiesbaden, und Prof. Dr. G. Jander, Greifswald

2. Teil Qualitative Nachweisverfahren

Band Ia Elemente der ersten Hauptgruppe

(einschl. Ammonium), Wasserstoff, Lithium, Natrium, Kalium, Ammonium, Rubidium, Caesium. Mit 80 Abbildungen. XII, 222 Seiten. 1944   DMark 30.—, gebunden DMark 33.—

Band III Elemente der dritten Gruppe

Bor, Aluminium, Gallium, Indium, Thallium, Scandium, Yttrium. Elemente der seltenen Erden (Lanthan bis Cassiopeium). Actinium. Mit 13 Abbildungen u. 1 Tafel. XII, 196 Seiten. 1944   DMark 27.—

Band VI Elemente der sechsten Gruppe

Sauerstoff, Schwefel, Selen, Tellur, Chrom, Molybdän, Wolfram, Uran. Mit 61 Abbildungen. XII, 267 Seiten. 1948   DMark 39.—

3. Teil Quantitative Bestimmungs- und Trennungsmethoden

Band I a Elemente der ersten Hauptgruppe

(einschl. Ammonium), Lithium, Natrium, Kalium, Ammonium, Rubidium, Caesium. Mit 31 Abbildungen. XV, 404 Seiten. 1940 DMark 51.—

Band II a Elemente der zweiten Hauptgruppe

Beryllium, **Magnesium,** Calcium, Strontium, Barium, Radium und Isotope. Mit 13 Abbildungen. XI, 446 Seiten. 1940   DMark 57.—

Band II b Elemente der zweiten Nebengruppe

Zink, Cadmium, Quecksilber. Mit 46 Abbildungen. XI, 587 Seiten. 1945   DMark 70.—, gebunden DMark 72.50

Band III Elemente der dritten Gruppe

Bor, Aluminium, Gallium, Indium, Thallium, Scandium, Yttrium. Elemente der seltenen Erden (Lanthan bis Cassiopeium). Actinium und Mesothor 2. Mit 37 Abbildungen. XI, 852 Seiten. 1942   Vergr.

Im Herbst 1949 erscheint:

Band VIII a Elemente der achten Hauptgruppe. Edelgase und Isotope. Mit 53 Abbildungen. XII, 120 Seiten. 1949   DMark 19.60